普通高等教育计算机类专业教材

C 语言程序设计实践教程

主　编　夏启寿

副主编　章哲庆　黄　孝　马小琴　殷晓玲

中国水利水电出版社
www.waterpub.com.cn
·北京·

内 容 提 要

本书是与《C语言程序设计（微课版）》（夏启寿主编，ISBN：978-7-5170-9398-5）配套的实践教材，在理论、操作和编程实践等方面作了全面补充和拓展。

全书由实验指导、练习题和考试指导三部分组成。第一部分为实验指导，按章节给出实验目的与要求、实验内容；第二部分为练习题，按章节给出经典试题解析和习题；第三部分为考试指导，详细介绍了安徽省组织的高校计算机水平考试二级C语言考试和全国计算机等级考试二级C语言考试的背景及考试内容。

本书可作为高等院校本专科学生学习"C语言程序设计"课程的实践指导教材，也可供C语言自学者及准备参加全国计算机等级考试或水平考试C语言考试的考生参考。

本书配有电子教案及程序源代码，读者可以从中国水利水电出版社网站（www.waterpub.com.cn）或万水书苑网站（www.wsbookshow.com）免费下载。

图书在版编目（ＣＩＰ）数据

C语言程序设计实践教程 ／ 夏启寿主编. -- 北京：
中国水利水电出版社，2021.1
普通高等教育计算机类专业教材
ISBN 978-7-5170-9417-3

Ⅰ．①C… Ⅱ．①夏… Ⅲ．①C语言－程序设计－高等
学校－教材 Ⅳ．①TP312.8

中国版本图书馆CIP数据核字（2021）第024631号

策划编辑：崔新勃　　　　责任编辑：陈红华　　　　封面设计：李　佳

书　　名	普通高等教育计算机类专业教材 C 语言程序设计实践教程 C YUYAN CHENGXU SHEJI SHIJIAN JIAOCHENG
作　　者	主　编　夏启寿 副主编　章哲庆　黄　孝　马小琴　殷晓玲
出版发行	中国水利水电出版社 （北京市海淀区玉渊潭南路 1 号 D 座　100038） 网址：www.waterpub.com.cn E-mail：mchannel@263.net（万水） 　　　　sales@waterpub.com.cn 电话：（010）68367658（营销中心）、82562819（万水）
经　　售	全国各地新华书店和相关出版物销售网点
排　　版	北京万水电子信息有限公司
印　　刷	三河市鑫金马印装有限公司
规　　格	184mm×260mm　16 开本　16.75 印张　414 千字
版　　次	2021 年 1 月第 1 版　2021 年 1 月第 1 次印刷
印　　数	0001—3000 册
定　　价	42.00 元

前　　言

　　本书是《C 语言程序设计（微课版）》（夏启寿主编，ISBN：978-7-5170-9398-5）的配套实践教材，以课程教学内容为背景，依据教育部高等学校计算机科学与技术教学指导委员会编制的《大学计算机基础课程教学基本要求》组织编写。

　　本书是为配合C语言程序设计课程教学和满足C语言程序设计考试的需要而精心设计的，旨在通过训练培养学生实际分析和解决问题的能力，并对学生参加计算机等级考试和水平考试进行指导。全书共分三个部分：第一部分为实验指导，按章节给出实验目的与要求、实验内容，每个实验都提供编程分析和参考程序；第二部分为练习题，按章节给出经典例题分析和习题；第三部分是考试指导，详细介绍了安徽省组织的高校计算机水平考试二级 C 语言考试和全国计算机等级考试二级 C 语言考试的背景、考试内容、考试大纲等。

　　本书编者都是长期从事 C 语言程序设计课程教学的老师，在工作中积累了丰富的经验，并且主编或参编过多本 C 语言教材。本书由黄海生主审，夏启寿任主编，章哲庆、黄孝、马小琴、殷晓玲任副主编，潘韵、杨利、任莉莉、吴璞、李静等参与了部分编写工作。在本书编写过程中，编者得到了胡学刚教授、陈晓江教授及中国水利水电出版社编辑的大力支持，在此一并表示真诚的感谢。本受到安徽省高等学校省级质量工程项目（2020zdxsjg238）和池州学院校级质量工程项目（2018XYZJC02）资助。

　　由于编者水平有限，书中不足之处在所难免，恳请读者批评指正。

编 者

2020 年 10 月

目　　录

第二部分　练习题

第三部分　考试指导

第一部分　实验指导

实验1　C语言程序的运行环境和运行过程

1.1　实验目的与要求

- 掌握 Code::Blocks 集成开发环境的安装、配置与使用。
- 掌握调试 C 程序的 4 个步骤：编辑、编译、链接和运行。
- 掌握 C 程序的基本框架，能够编写简单的 C 程序。
- 进一步认识程序的两种错误类型对程序结果的影响，加深对程序测试重要性的认识。

1.2　实验内容

实验 1.1　使用 Code::Blocks

1. 进入 C 的编辑环境

在 Windows 环境下，执行"开始"→"程序"→CodeBlocks→CodeBlocks 命令（也可以从桌面快捷方式进入），屏幕上出现 Code::Blocks 的启动窗口，如图 1-1 所示。

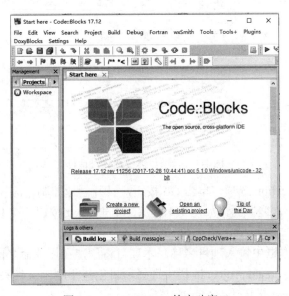

图 1-1　Code::Blocks 的启动窗口

2. 新建一个 C 语言源程序

在 Code::Blocks 的启动窗口中单击 Create a new project 选项或者在菜单栏中单击 File→New→Project 命令（如图 1-2 所示），弹出新建项目的对话框，如图 1-3 所示。

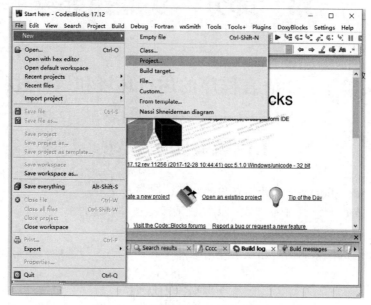

图 1-2　创建新应用程序的菜单操作

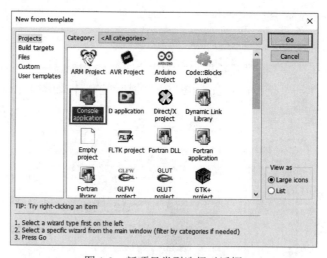

图 1-3　新项目类型选择对话框

选择 Console application 选项，单击 Go 按钮，打开创建控制台应用程序的向导。

向导第一步相当于欢迎界面，如图 1-4 所示，单击 Next 按钮，在 Please make a selection 列表框中选择 C，如图 1-5 所示，单击 Next 按钮。

在 Project title 文本框中输入项目名称，本项目将创建在以此命名的文件夹中，这里输入 HelloWorld，在 Folder to create project in 栏中选择项目创建于哪个文件夹，这里选择 D:\Debug\，如图 1-6 所示，单击 Next 按钮。

图 1-4 创建控制台应用程序的界面

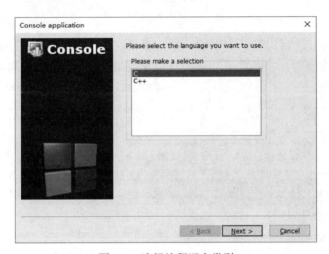

图 1-5 选择编程语言类型

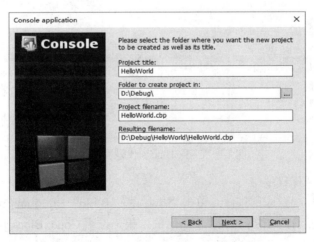

图 1-6 输入项目名称并选择创建位置

如图 1-7 所示，选择编译器为 GNU GCC Compiler（默认选项），其他选项保持默认，单击 Finish 按钮结束向导。

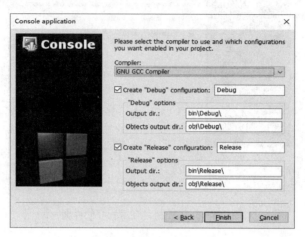

图 1-7　选择编译器类型

此时，Code::Blocks 窗口左侧出现项目浏览窗格，在 HelloWorld 项目下的 Sources 中找到 main.c，双击开始编辑。可以发现，Code::Bolcks 已经生成了一个最简单的 Hello World 程序，如图 1-8 所示。

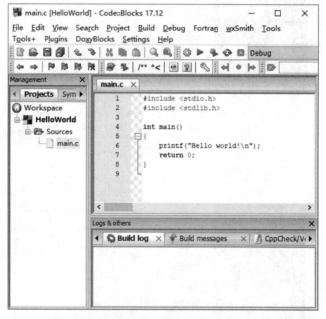

图 1-8　Code::Blocks 代码编辑界面

3. 编译运行和调试程序

（1）编译运行控制台应用程序。单击菜单栏中的 Build→Build and run 命令或按 F9 键，编译应用程序并自动运行，出现如图 1-9 所示的结果，说明 Code::Blocks 配置正确，可以开始激动人心的编程之旅了。

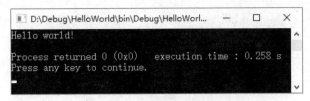

图 1-9　程序运行结果

在 Code::Blocks 中运行控制台应用程序时，控制窗口会自动停止，并且显示程序执行所用的时间。

（2）程序调试。就是发现和改正程序中的错误。程序有时会出现错误（errors）和几个警告（warnings）信息。警告不影响程序执行，只有致命性错误才会影响。本例显示如图 1-10 所示。

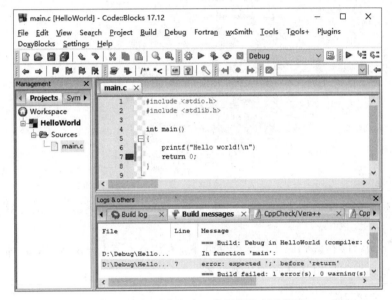

图 1-10　调试信息窗口指示程序有无错误

用鼠标拖动调试信息窗口中右侧的滚动条，可以看到出错的位置和性质。

（3）进行改错。双击调试信息窗口中的报错行，这时在程序窗口中出现一长方形红色标志指向被报错的程序行（第 7 行），提示改错位置。在第 6 行末尾没有分号，我们加上分号。

（4）重新编译运行。单击菜单栏中的 Build→Build and run 命令或按 F9 键，编译应用程序并自动运行，如果还有错误，则进行改错，再重新编译运行。

4. 打开已经保存的文件

方法 1：在 Code::Blocks 窗口中执行 File→Open 命令或按 Ctrl+O 组合键，如图 1-11 所示，或者单击工具栏中的"打开"按钮，然后从中选择所需的文件，打开该文件。

方法 2：如果后缀为.c 的文件与 Code:Blocks 建立关联，在 Windows 的"资源管理器"或"我的电脑"中按路径找到已有的 C 程序名（如 F:\C 语言\第 1 章\first.c），双击此文件名，则自动进入 Code:Block 集成环境并打开了该文件。

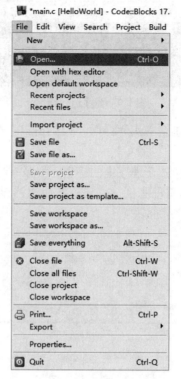

图 1-11　打开已有文件的命令操作

5. 保存文件

如果保存在原来的文件中，可以执行 File→Save file 命令或按 Ctrl+S 组合键或单击工具栏中的按钮。

如果不想将源程序存放到原先指定的文件中，可以执行 File→Save file as 命令，并在弹出的"另存为"对话框中指定文件路径和文件名。

实验 1.2　调试程序

在 Code::Blocks 窗口中输入以下求长方形面积的程序（其中有两个错误），运行并调试：

```c
#include"stdio.h"
int main()
{
    int  a,b,area;   //声明变量 a、b、area

    a=6             //把 6 赋给 a
    b=7;            //把 7 赋给 b
    area=a*b        //计算表达式 a*b 并赋给 area

    printf("a=%d,b=%d,area=%d\n",a,b,area);

    return 0;
}
```

按照前面介绍的步骤新建一个 C 源程序，输入该程序代码。

然后编译，假如有致命性错误（errors），根据信息窗口的提示分别予以纠正。在程序修改后，再进行编译，如果还有错误，反复调试编译直到完全正确，用"编译"菜单中的"执行"菜单项执行程序。

修改上面的程序，观察运行结果：

（1）将程序中的表达式"a*b"的"a"改为"A"，然后运行程序。

（2）将程序中的表达式"a*b"修改为"a-b"，然后运行程序。

第一项内容用于验证 C 语言中标识符的特性，当用"A"取代"a"后，程序将不能运行，说明作为标识符"A"和"a"是不等价的。

请读者自己进行类似的替换，然后观察程序的运行结果。例如，将程序中的 printf 改为 PRINTF。

第二项内容说明了程序的逻辑错误情况。若把"a*b"误写为"a-b"，程序会顺利编译运行，但显然不是长方形面积的结果。

实验 1.3 编写程序

编程将图 1-12 所示的图形在屏幕上显示。

```
*********
*******
*****
***
*
```

图 1-12 倒三角图案

思考：最少可用几条 printf 语句实现此项功能？

实验 2　程序的输入与输出

2.1　实验目的与要求

- 了解程序中输入/输出的作用及输入/输出的多样化。
- 掌握基本输入/输出函数的使用。
- 进一步熟悉 C 语言程序的编辑、编译、链接和运行的过程。

2.2　实验内容

实验 2.1　基本输入/输出函数的用法

编辑运行下面的程序，并根据执行结果分析程序中各个语句的作用。

1. 参考程序

```c
#include"stdio.h"
int main()
{
    short a;
    int b;
    long c;
    float d;
    double e;
    char c1,c2;

    a=0X7fff;          //十进制数 32767
    b=65;
    c=0X7fffffff;      //十进制数 2147483647
    d=1.23456789;
    e=2.1234567890123456789;
    c1='a';c2='b';

    printf("short:%d\nint:%d\nlong:%d\nfloat:%d\ndouble:%d\nchar:%d\n\n",
        sizeof(a),sizeof(b),sizeof(c),sizeof(d),sizeof(e),sizeof(c1));
    printf("a=%hd,%hd\n",a,a+1);
    printf("b=%d,%c\n",b,b);
    printf("c=%ld,%d\n",c,c);
    printf("d=%12.10f,%f\n",d,d);
    printf("e=%f,%12.10f\n",e,e);
    printf("c1=%d,%c\n",c1,c1);
    printf("c2=%d,%c\n",c2,c2);
```

```
        return 0;
    }
```

2. 程序调试

（1）在 Code::Blocks 编译环境下运行程序，对照结果分析各语句的作用。

（2）修改程序。不使用赋值语句，而用下面的 scanf 语句为 a、b、d、c1、c2 输入数据：

```
    scanf("%hd%d%f%c%c",&a,&b,&d,&c1,&c2);
```

请按照程序原有的数据，正确的输入数据的格式为？

（3）使用下面的数据输入格式为什么得不到正确的结果？

```
    32767 65 1.23456789 a b
```

（4）修改（2）中的语句如下，使 getchar()函数输入 c1、c2 的数据：

```
    scanf("%hd%d%f",&a,&b,&d);
    c1=getchar();
    c2=getchar();
```

能否使用下面的格式为a、b、d、c1、c2 输入数据？运行程序验证所分析的结论。

```
    32767 65 1.23456789
    a
    b
```

实验 2.2　字符的输入输出

用格式输入函数输入 3 个字符，并用输出函数反向输出 3 个字符和它们的 ASCII 码值到指定的文件中。

1. 编程分析

首先，要定义文件类型的指针 FILE *fp，其次调用 fopen 函数新建并打开一个 character.txt 文件，然后调用 scanf 函数从键盘上输入 3 个字符，最后使用 fprintf 函数反向输出 3 个字符和它们的 ASCII 码值到 character.txt 文件中，并关闭文件。

2. 参考程序

```
#include<stdio.h>
#include<stdlib.h>
int main()
{
    char c1,c2,c3;;
    FILE *fp;

    _____        //新建 character.txt 文件

    _____        //输入 3 个字符

    _____        //反向输出 3 字符和它们的 ASCII 码值到指定文件中
    fclose(fp);

    return 0;
}
```

3. 程序调试

（1）根据编程分析，在划线处填写相应的代码，在 Code::Blocks 环境下编辑、编译、链接和运行程序。

（2）设计测试数据。

序号	输入	输出	备注
1			
2			
3			

注意：为了验证程序必须设计相应的测试计划，测试计划是调试的依据。测试计划可以在编写程序之前，程序说明完成之后就制定，因为制定测试计划有助于程序员理清自己的思路，可能会帮助程序员发现一些必须处理的特殊情况，以便构造一个易于验证的设计方案。

测试计划用一张表来表示，其中应该包括一组数据和根据相应的输入数据计算得到的正确结果，结果一般是手工填写的。

测试数据一般包括容易计算的数据和特殊情况数据，测试数据也应覆盖各种可能产生的情况。本例中输入数据应包括数字字符、英文字符、其他字符和混合字符等情况。

实验 2.3　程序单步调试

通过键盘输入华氏温度，根据华氏温度转换为摄氏温度的公式：$C = \dfrac{5}{9}(F - 32)$ 求出摄氏温度并保留 2 位小数。

1. 编程分析

首先，声明变量 celsius、fahr 和 temp，celsius 表示摄氏温度，fahr 表示华氏温度，temp=5/9。然后，从键盘输入华氏温度，利用计算公式计算摄氏温度。最后，按指定的格式输出。

2. 参考程序

```c
#include<stdio.h>
int main()
{
    float celsius,fahr,temp;

    printf("input : fahr= ");
    scanf("%f",&fahr);

    temp=5/9;
    celsius =temp*(fahr-32);

    printf("celsius is %4.2f C.\n", celsius);

    return 0;
}
```

3. 程序调试

（1）编辑程序，然后编译程序，编译结果是 0 error(s), 0 warning(s)，目标程序生成。

（2）运行程序，输入华氏温度 100，但输出转换后的摄氏温度为 0，显然结果错误（逻辑错误），用单步调试方法对程序进行调试来查找程序中存在的错误。

1）在语句 temp=5/9;前设置断点（在代码行号的右侧空白处单击或在光标所在行按 F5 键，出现红色圆点后即表示在该行成功设置了断点，如图 2-1 所示，单击红色圆点则可以取消断点），按 F8 键，程序调试开始，输入 100。注意编辑窗口中的黄色箭头指向某一行，表示程序将要执行这一行。注意观察 Watches 窗口中各变量的值（单击图 2-2 所示工具栏中的按钮后选择 Watches 选项）。

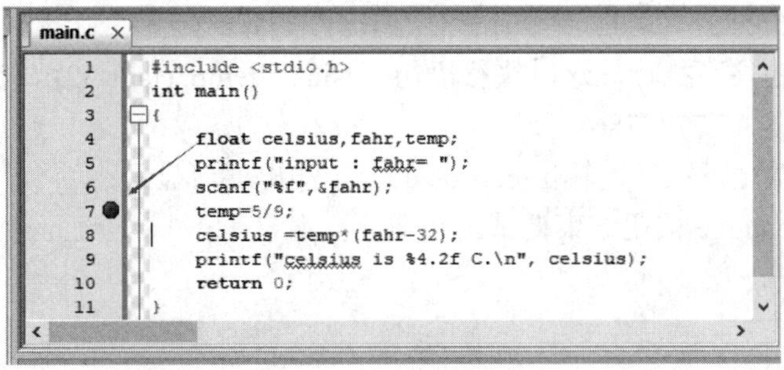

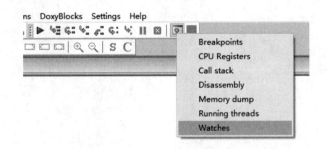

图 2-1　设置断点

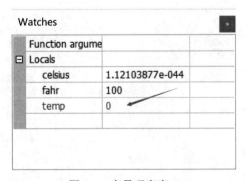

图 2-2　启动变量观察窗口

2）按 F7 键执行下一语句，这时程序执行语句 temp=5/9;，在 Watches 窗口中可以看到 temp 的值是 0，如图 2-3 所示。显然，temp 的值不是我们所期望的。

图 2-3　变量观察窗口

3）继续按 F7 键往下执行，这时执行语句 celsius =temp*(fahr-32);，在 Watches 窗口中可以看到 celsius 的值是 0。显然，celsius 的值是因为 temp 的结果不正确而造成的。

4）单击 stop debugge 按钮（如图 2-4 所示）结束调试，返回编辑窗口中，分析造成 celsius 的值为 0 的语句是 temp=5/9;。

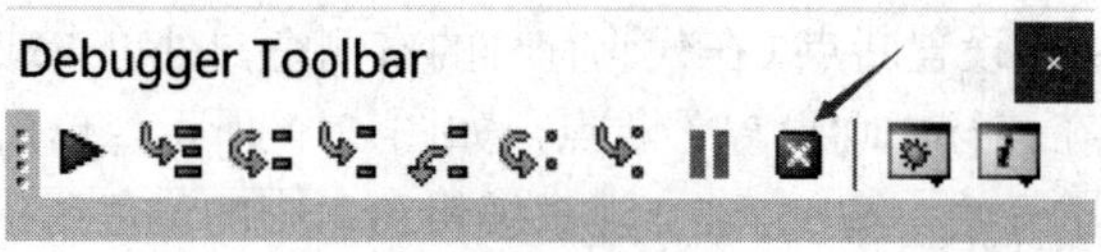

Debugger Toolbar

图 2-4 终止调试

5）修改语句 temp5/9;为_____，重新单步调试，当执行到此语句时 Watches 窗口中 temp 的值为 0.555555582。

6）继续按 F7 键往下执行，这时执行语句 celsius =temp*(fahr-32);，在 Watches 窗口中可以看到 celsius 的值是 37.7777786。

7）继续按 F7 键往下执行，输出 celsius 的值，输出窗口显示：_____。

8）单击 stop debugge 按钮结束调试。

实验 3   顺序结构程序设计

3.1   实验目的与要求

- 掌握基本数据类型的常量、变量定义及使用。
- 掌握不同数据类型混合运算时数据类型之间转换的规律。
- 掌握 C 语言基本运算符的运算功能、书写形式、优先级、结合性和对运算对象的要求。
- 掌握顺序结构程序的设计方法，能够编写简单的数据处理程序。
- 掌握排除语法错误的基本技能。

3.2   实验内容

实验 3.1   变量的定义、赋值与引用

设有不同数据类型的变量 x1、x2、x3、x4、x5、x6、x7，其中 x1 为 int 型，x2 为短整型，x3 为长整型，x4 为无符号基本整型，x5 为单精度浮点型，x6 为双精度浮点型，x7 为字符型。x1 的初值为-1，x2 的初值为 65535，x3 的初值为 65536，x4 的初值为 97，x5 的初值为 12.3456789，x6 的初值为 12.345678912345，x7 的初值为字母 A。下面的程序实现的功能是定义这些变量并进行初始化，最后输出它们的值。

（1）请根据题意，按照程序注释提示的要求，在横线处填写相应的语句以完成程序。

```
#include<stdio.h>
int main()
{
    int x1=-1;
    _____          //定义 x2 并初始化
    _____          //定义 x3 并初始化
    _____          //定义 x4 并初始化
    _____          //定义 x5 并初始化
    _____          //定义 x6 并初始化
    _____          //定义 x7 并初始化

    printf("x1=%d\n",x1);
    printf("x2=%d\n",x2);
    printf("x3=%ld\n",x3);
    printf("x4=%u\n",x4);
    printf("x5=%f\n",x5);
    printf("x6=%e\n",x6);
    printf("x7=%c\n",x7);

    return 0;
}
```

（2）在 Code::Blocks 环境下编辑、编译、链接和运行上面的程序，观察输出结果，并思考为什么会输出这样的结果？

（3）将程序中 x7 的初值改为 65，再次运行程序，分析程序的输出结果。

实验 3.2　算术运算符与表达式

编写一个程序，将分钟转换成小时和分钟表示，然后进行输出，输出格式为"××小时××分钟"，如输入 timer 值为 560，输出为"09 小时 20 分钟"。

1. 编程分析

首先，通过 printf 函数在屏幕上提示要输入一个时间值（分钟），使用 scanf 函数把用户通过键盘输入的数据存入到变量 time 中。然后，做整数除法得到 time 中的小时数，做求余运算得到剩余的分钟数。最后，使用 printf 函数输出计算结果。

2. 参考程序

```
#include<stdio.h>
int main()
{
    int time,hour,minute;
    printf("请输入时间值: ");
    _____;          //调用 scanf 函数输入 time 的值

    _____          //计算小时数
    _____          //计算分钟数

    _____          //输出"××小时××分钟"

    return 0;
}
```

3. 程序调试

（1）根据编程分析，在划线处填写相应的代码，在 Code::Blocks 环境下编辑、编译、链接和运行程序。

（2）设计测试数据。

序号	输入	输出	备注
1			
2			
3			

实验 3.3　自增（减）运算

下面程序的功能是依次求 C 语言表达式 k=++i、k=i++、k=--i 和 k=i--的值。

```
#include<stdio.h>
int main()
```

```
    {
        int i=5,k;

        k=++i;          //计算表达式 k=++i
        k=i++;          //计算表达式 k=i++
        k=--i;          //计算表达式 k=--i
        k=i--;          //计算表达式 k=i--

        printf("k is %d\n",k);

        return 0;

    }
```

（1）在 Code::Blocks 环境下编辑、编译、链接和运行上面的程序，观察输出结果。

（2）单步调试程序。

1）在语句 k=++i;前设置断点，按 F8 键程序调试开始。注意编辑窗口中的黄色箭头指向某一行，表示程序将要执行这一行。注意观察 Watches 窗口中各变量的值。

2）按 F7 键执行下一语句，这时程序执行语句 k=++i;，在 Watches 窗口中可以看到 i 的值是_____，k 的值是_____。

3）按 F7 键执行下一语句，这时程序执行语句 k=i++;，在 Watches 窗口中可以看到 i 的值是_____，k 的值是_____。

4）按 F7 键执行下一语句，这时程序执行语句 k=--i;，在 Watches 窗口中可以看到 i 的值是_____，k 的值是_____。

5）按 F7 键执行下一语句，这时程序执行语句 k=i--;，在 Watches 窗口中可以看到 i 的值是_____，k 的值是_____。

6）继续按 F7 键往下执行，输出 k 和 i 的值，输出窗口显示：_____。

7）单击 stop debugge 按钮结束调试。

实验 3.4 位运算

设有短整型变量 a 和 b，值分别为 10 和 20，编写程序求表达式~a、a<<2、a>>2、a&b、a^b、a|b 的值。

1. 编程分析

根据顺序程序设计的特点，先定义短整型变量 a 和 b 并初始化，然后使用 printf 函数输出各个表达式的值。

2. 参考程序

```
#include<stdio.h>
int main()
{
    _____;  //定义短整型变量 a 和 b 并初始化
    _____;  //输出~a 的值
    _____;  //输出 a<<2 的值
    _____;  //输出 a>>2 的值
    _____;  //输出 a&b 的值
    _____;  //输出 a^b 的值
```

```
                        ;  //输出 a|b 的值
    return 0;
}
```

（1）根据编程分析，在划线处填写相应的代码，在 Code::Blocks 环境下编辑、编译、链接和运行程序。

（2）根据位运算的概述，分析表达式 a&b、a^b、a|b 的运算过程。

实验 3.5　程序的顺序执行

编程计算方程 $ax^2 + bx + c = 0$ 的根（假设 $b^2 - 4ac > 0$）。

1. 编程分析

根据数学公式，一元二次方程的解为 $x_1 = \dfrac{-b + \sqrt{b^2 - 4ac}}{2a}$，$x_2 = \dfrac{-b - \sqrt{b^2 - 4ac}}{2a}$。要计算 $\sqrt{b^2 - 4ac}$，C 语言在文件 math.h 中提供了标准库函数 sqrt，sqrt(x)完成计算 $\sqrt{x}$ 的功能。

2. 参考程序

```
#include<stdio.h>
#include<math.h>
int main()
{
    float a,b,c,p,disc,q,x1,x2;
    printf("input a,b,c:");
            ①                    //从键盘输入 a、b、c 的值，满足方程有两个实根
            ②                    //计算 p=-b/(2a)
            ③                    //计算 disc=b*b-4ac
            ④                    //计算 q=sqrt(disc)/(2a)
            ⑤                    //计算 x1=p+q
            ⑥                    //计算 x2=p-q
            ⑦                    //输出 x1 和 x2，保留 2 位小数
    return 0;
}
```

（1）根据编程分析，在划线处填写相应的代码，在 Code::Blocks 环境下编辑、编译、链接和运行程序。

（2）设计测试数据。

序号	输入	输出	备注
1			
2			
3			

（3）交换③与⑤两个语句的位置，重新编译、链接程序，根据（2）中输入的数据运行程序，写程序的输出结果，在备注中说明原因。

序号	输入	输出	备注
1			
2			
3			

实验 4　选择结构程序设计

4.1　实验目的与要求

- 掌握关系表达式和逻辑表达式的使用。
- 掌握单分支、多分支结构程序设计的方法。
- 掌握一些简单的选择结构算法。
- 学会设计有实际价值的分支结构程序。

4.2　实验内容

实验 4.1　简单 if 语句的用法

从键盘输入一个整数，判断该数是奇数还是偶数。

1. 编程分析

判断一个整数 num 是奇数还是偶数的方法：用 num 除以 2 取余数，如果余数是 1，num 为奇数，如果余数是 0，num 为偶数。

2. 参考程序

```
#include<stdio.h>
int main()
{
    int num,r;

    printf("num=");
    _____          //通过键盘输入 num 的值
    r=_____        //求 num 除 2 的余数
    if(_____)
        printf("%d is an even number.\n",num);
    if(_____)
        printf("%d is an odd number.\n",num);

    return 0;
}
```

3. 程序调试

（1）根据编程分析，在划线处填写相应的代码，在 Code::Blocks 环境下编辑、编译、链接和运行程序。

（2）设计测试数据。

序号	输入	输出	备注
1			
2			
3			

注：本例中输入数据应包括正偶数、负偶数、正奇数、负奇数和 0 等情况。

实验 4.2 if…else 语句的用法

从键盘输入一个字母，判断该字母是大写字母还是小写字母，如果是大写字母则转换为小写字母输出，如果是小写字母则转换为大写字母输出。

1. 编程分析

判断一个字母是大写字母还是小写字母的方法：大写字母的 ASCII 码是 65～90，小写字母的 ASCII 码是 97～112。若是将大写字母转换为小写字母，则将该字符+32；若是将小写字母转换为大写字母，则将该字符-32。

2. 参考程序

```
#include<stdio.h>
int main()
{
    char c;

    printf("c=");
    _____        //从键盘输入字符给变量c
    if(_____)        //判断是否为大写字母
        _____        //大写字母转换为小写字母
    else
        _____        //小写字母转换为大写字母

    printf("c=%c\n",c);

    return 0;
}
```

3. 程序调试

（1）根据编程分析，在划线处填写相应的代码，在 Code::Blocks 环境下编辑、编译、链接和运行程序。

（2）设计测试数据。

序号	输入	输出	备注
1			
2			
3			

注：本例中输入数据应包括大写字母、小写字母和其他字符等情况。

实验 4.3　if...else if 语句的用法

三角形分类：输入三边长度，判断三边能否构成三角形，如果能构成三角形，判断是等边三角形、等腰三角形、直角三角形，还是普通三角形。

1. 编程分析

首先判断是否能构成三角形，如能构成三角形再判断是何种三角形。在判断三角形形状时，先判断其三边是否相等，条件成立则为等边三角形；否则判断其是否有两边相等，条件成立则为等腰三角形；否则判断其是否有两边的平方和等于第三边的平方，条件成立则为直角三角形；否则判断其为普通三角形。

2. 参考程序

```c
#include<stdio.h>
int main()
{
    float a,b,c;

    printf("input a,b,c:");
    scanf("%f%f%f",&a,&b,&c);

    if(_____)              //判断是否能构成三角形
    {
        if(_____)              //判断是否为等边三角形
            printf("Equilateral triangle!\n");
        else if(_____)         //判断是否为等腰三角形
            printf("Isosceles triangle!\n");
        else if(_____)       //判断是否为直角三角形
            printf("Right triangle!\n");
        else
            printf("Other triangles!\n");
    }
    _____
        printf("It doesn't make a triangle!\n");

    return 0;
}
```

3. 程序调试

（1）根据编程分析，在划线上填写相应的代码，在 Code::Blocks 环境下编辑、编译、链接和运行程序。

（2）设计测试数据。

序号	输入	输出	备注
1			
2			
3			

注：本例中输入数据应包括等边三角形、等腰三角形、直角三角形、其他三角形和非三角形等情况。

实验 4.4　switch 语句编程求解简单表达式

输入一个形如"操作数　运算符　操作数"的四则运算表达式，输出运行结果。

1. 编程分析

输入实型变量 value1 和 value2、字符型变量 op，如果 op 为"+"，则计算 result=value1+value2；如果 op 为"-"，则计算 result=value1-value2；如果 op 为"*"，则计算 result=value1*value2；如果 op 为"/"，则计算 result=value1/value2，然后输出 result 的值。

2. 参考程序

```c
#include<stdio.h>
int main()
{
    float value1,value2,result;
    char op;

    printf("input value1、op、value2: ");
    scanf("_____",&value1,&op,&value2);

    switch(_____)
    {
        _____ break;
        _____ break;
        _____ break;

        _____
    }
    printf("%.2f%c%.2f=%.2f",value1,op,value2,result);

    return 0;
}
```

3. 程序调试

（1）根据编程分析，在划线处填写相应的代码，在 Code::Blocks 环境下编辑、编译、链接和运行程序。

（2）设计测试数据。

序号	输入	输出	备注
1			
2			
3			

注：本例中输入数据应包括加、减、乘、除 4 种情况，当执行除法时除数不能为 0。

思考：删除每条语句后面的 break 语句，重新运行程序，程序的运行结果有什么不同？

实验 5　循环结构程序设计

5.1　实验目的与要求

- 掌握 3 种循环语句及循环结构程序设计的方法。
- 能综合运用选择语句、循环语句和跳转语句解决较复杂的问题。
- 掌握一些常用的算法，如穷举法、迭代法。
- 掌握程序调试的基本技能。

5.2　实验内容

实验 5.1　while 语句的用法

从键盘输入一批任意数量的整数，统计其中偶数的个数。

1. 编程分析

由于输入数据的个数是不确定的，因此每次执行程序时循环次数都是不确定的。在进行程序设计时，确定循环控制的方法是本实验的一个关键问题。循环控制条件可以有多种确定方法：使用一个 "-1" 作为数据输入结束标志；输入一个数据后通过进行询问的方式决定是否继续输入下一个数据等。

2. 参考程序

参考程序 1：

```
/* 使用-1作为数据输入结束标志的程序 */
#include"stdio.h"
int main()
{
    int m,counter=0;

    printf("Please enter a set of integers:");
    while(_____)              //条件始终为真
    {
        scanf("%d",&m);
        if(_____)             //如果 m 的值为-1，退出循环
        _____
        if(_____)             //如果 m 的值为偶数，统计量增 1
        _____ ;
    }

    printf("\nThere are %d even Numbers.\n",counter);

    return 0;
}
```

参考程序 2：

```c
/* 通过进行询问的方式决定是否继续输入下一个数据的程序 */
#include"stdio.h"
int main()
{
    int m,counter=0;
    char ask;

    while(_____)          //条件始终为真
    {
        printf("input a number:");
        scanf("%d",&m);
        getchar();
        if(_____)               //如果 m 的值为偶数，统计量增 1
        _____
        printf("Continue?(Y/N)");
        ask=getchar();
        getchar();
        if(_____)         //如果 ask 为 n 或 N，退出循环
        _____
        printf("\n");
    }

    printf("\nThere are %d even Numbers.\n",counter);

    return 0;
}
```

3. 程序调试

（1）根据编程分析，在划线处填写相应的代码，在 Code::Blocks 环境下编辑、编译、链接和运行程序。

（2）设计测试数据。

序号	输入	输出	备注
1			输入的一组数据之间全部以空格分隔，只有最后一个数为-1，以回车键结束
2			输入的一组数据之间全部以空格分隔，在-1 之后又有正数数据，以回车键结束
3			输入的一组数据之间全部以空格分隔，输入数据中有多个-1，以回车键结束
			在输入的数据中使用数值很大的整数

注：输入数据时，应考虑多种数据组合，对每一组数据察看并分析结果。

（3）使用 do-while 循环控制语句和 for 循环控制语句实现数据统计问题。

实验 5.2　穷举法应用 1

在一个袋子里有 3 种颜色的小球共 12 个，其中红色和白色各 3 个，黑色 6 个，现从中取

8 个小球，共有多少种可能的方案？编程输出所有可能的方案。

1. 编程分析

本题穷举 3 种颜色球的所有可能，然后判断是否满足 8 个球的条件即可。

2. 参考程序

```
#include<stdio.h>
int main()
{
    int i,j,k,count=0;

    printf("time    red    white   black\n");
    for(_____)            //穷举红色球
      for(_____)        //穷举白色球
        for(_____)        //穷举黑色球
        {
            if(i+j+k==8)
            {
                count++;
                printf("%3d%8d%8d%8d\n",count,i,j,k);
            }
        }

    return 0;
}
```

3. 程序调试

（1）根据编程分析，在划线处填写相应的代码，在 Code::Blocks 环境下编辑、编译、链接和运行程序。

（2）参考程序中使用三重循环穷举所有的可能，然后判断条件，程序的执行效率不是很高。其实我们只需要穷举红色球和白色球，然后判断红色球与白色球的和大于等于 2 这个条件就可以求解问题，提高了程序的执行效率。

实验 5.3　穷举法应用 2

3 对情侣参加集体婚礼，3 位新郎为 A、B、C，3 位新娘为 X、Y、Z，有人想知道究竟谁与谁结婚，于是就问新人中的三位，得到如下结果：A 说他将和 X 结婚；X 说他的未婚夫是 C；C 说他将和 Z 结婚。这人事后知道三位新人在同他开玩笑，说的全是假话。那么，究竟谁与谁结婚呢？

1. 编程分析

这是一个逻辑判断题，在离散数学中经常遇到。我们用 a=='X'表示新郎 A 和新娘 X 结婚，同理如果新郎 A 不与新娘 X 结婚则写成 a!= 'X'，根据题意得到如下表达式：

a!='X'　A 不与 X 结婚

c!='X'　C 不与 X 结婚

c!='Z'　C 不与 Z 结婚

题目中隐含了条件，即 3 位新娘不能互为配偶，也就是 a!=b 且 a!=c 且 b!=c。穷举所有可能情况，代入上述表达式进行推理运算。如果假设的情况使上述表达式的结果为真，则假设的情况就是正确的结果。

2. 参考程序

```c
#include"stdio.h"
int main()
{

    char a,b,c;

    for(_____)              //穷举新郎 a 可能结婚对象
        for(_____)        //穷举新郎 b 可能结婚对象
            for(_____)        //穷举新郎 c 可能结婚对象
                if(_____)  //满足条件输出
                {
                    printf("A-->%c\n",a);
                    printf("B-->%c\n",b);
                    printf("C-->%c\n",c);

                }

    return 0;
}
```

3. 程序调试

根据编程分析，在划线处填写相应的代码，在 Code::Blocks 环境下编辑、编译、链接和运行程序。

实验 5.4　迭代法应用

一小球从 100 米高处自由下落，每次落地后反弹回原来高度的一半，再落下。求它在第十次落地时共经过多少米？第十次反弹多高？

1. 编程分析

小球从第一次弹起到第二次落地前经过的路程为第一次高度的一半乘以 2，再加上前面经过的路程。依此类推，到第十次落地前，其经过了 9 次这样的过程。求第十次反弹的高度，只需要在输出时用第九次弹起的高度除以 2 即可。

2. 参考程序

```c
#include<stdio.h>
int main()
{
    float i,h=100,s=100;

    for(_____)    //循环 9 次
    {
        _____;      //每次反弹高度为前一次的一半
        _____;      //下次反弹前的路程
    }

    printf("The total distance is %.2f meters\n",s);
    printf("The 10th bounce height is %.2f meters\n",h/2);

    return 0;
}
```

3．程序调试

根据编程分析，在划线处填写相应的代码，在 Code::Blocks 环境下编辑、编译、链接和运行程序。

实验 5.5 穷举法和迭代法综合应用

A、B、C、D、E 五个人在某天夜里合伙去捕鱼，到第二天凌晨时都疲惫不堪，于是各自找地方睡觉。日上三竿，A 第一个醒来，他将鱼分为五份，把多余的一条鱼扔掉，拿走自己的一份。B 第二个醒来，也将鱼分为五份，把多余的一条鱼扔掉，拿走自己的一份。C、D、E 依次醒来，也按同样的方法拿走鱼。问他们合伙至少捕了多少条鱼？

1．编程分析

用递增法穷举鱼的数量，如满足条件，穷举结束。然后用迭代法判断每一次的数量是否满足减 1 后被 5 整除。第一次剩下鱼的数量是前一次鱼的数量减 1，再减去剩下的五分之一，依此类推，直到 5 次完成。

2．参考程序

```c
#include"stdio.h"

int main()
{
    int i,total,t;

    for(total=6;;total++)     //用递增法穷举鱼的数量
    {
        t=total;
        for(i=1;i<=5;)        //循环 5 次
        {
            if(_____) //迭代法判断每一次鱼的数量是否满足减 1 后被 5 整除
            {
                _____; //每一次剩下鱼的数量是前一次鱼的数量减 1，再减去剩下的五分之一
                i++;
            }
            else
                break;
        }
        if(i==6)
            break;
    }
    printf("The total number of fish is %d",total);
    return 0;
}
```

3．程序调试

根据编程分析，在划线处填写相应的代码，在 Code::Blocks 环境下编辑、编译、链接和运行程序。

实验 6　数组

6.1　实验目的与要求

- 掌握一维数组和二维数组的定义、初始化及其使用方法。
- 掌握字符串的输入输出方法，熟悉常用的字符串操作函数。
- 掌握数组中常用的排序、查找和插入算法。

6.2　实验内容

实验 6.1　一维数组的用法

从键盘输入 10 个整数，求这 10 个数中的最大值、最小值和平均值。

1. 编程分析

假设数组中首元素既为最大值元素，又为最小值元素，分别用 max 和 min 标识，用 ave 标识平均值，用 sum 标识总和。将其余元素依次与 max 和 min 比较，将大值保存在 max 中，将小值保存在 min 中，并求和。输出 max、min、ave、sum。

2. 参考程序

```
#include<stdio.h>
#define N 10
int main()
{
    int a[N],i,max,min,sum=0;
    float ave;

    for(_____)            //依次输入 N 个值到数组 a 中
        scanf("%d",_____);

    max=a[0];                //假设 a[0]为最大值
    min=a[0];                //假设 a[0]为最小值

    for(i=0;i<N;i++)
    {
        _____;            //求和
        if(_____)           //求最大值
            _____
        if(_____)           //求最小值
            _____
    }
```

```
_____;            //求平均值
printf("max=%d min=%d ave=%f\n",max,min,ave);
return 0;
}
```

3. 程序调试

（1）根据编程分析，在划线处填写相应的代码，在 Code::Blocks 环境下编辑、编译、链接和运行程序。

（2）设计测试数据。

序号	输入	输出	备注
1			
2			
3			

实验 6.2　二维数组的用法

1. 编程分析

求一个 3*3 矩阵对角线元素之和。要求随机生成 1～20 中的 9 个正整数对矩阵元素赋值。

2. 参考程序

```
#include<stdio.h>
#include<stdlib.h>
#include<time.h>
#define N 3
int main()
{
    srand(time(NULL));
    int i,j,a[N][N],s=0;

    for(_____)                      //控制二维数组的行
        for(_____)                //控制二维数组的列
            _____;        //生成随机数对数组元素赋值

    /*按行优先的顺序输出二维数组元素的值，并求主对角线元素的和*/
    for(_____)                      //控制二维数组的行
    {
        for(_____)                  //控制二维数组的列
        {
            printf("%3d",_____);    //输出数组元素的值
            if(_____)                 //求主对角线元素的和
                _____;
        }
```

```
        printf("\n");
    }
    printf("\ns=%d",s);
    return 0;
}
```

3. 程序调试

（1）根据编程分析，在划线处填写相应的代码，在 Code::Blocks 环境下编辑、编译、链接和运行程序。

（2）如果求矩阵两条对角线元素的和，应如何修改程序？

实验 6.3　在一维有序数组中插入数据

下面是有 10 个整数的升序数列，存储在一维数组中，要求在其中插入任意一个整数后数列仍然有序。

数列：-10,-9,-8,-7,-6,-5,-4,-3,-2,-1

1. 编程分析

用下标访问数据元素的方法实现有序数列的数据插入问题。把待插入的数与数组中的各元素从前向后依次比较，直到找到比待插入数大的数组元素的位置 j，然后从后向前移动数组元素，直到待插入的位置，最后插入待插入的数据。

2. 参考程序

```
#include"stdio.h"
#define M 10
int main()
{
    int a[M+1]={-10,-9,-8,-7,-6,-5,-4,-3,-2,-1};  //数组长度比初始化数据长度多 1
    int i,j,n;

    printf("请输入要插入的数据: \n");
    scanf("%d",&n);

    for(_____)          //从前向后循环确定要插入的位置 i
    {   if(_____)          //如果待插入的数据小于等于当前数据，退出循环
            _____
    }

    for(_____)          //从后向前循环向后移动数据，直到插入点
        _____

    a[j+1]=n;                    //插入数据

    printf("\n 插入数据后的数列: \n");
    for(i=0;i<M+1;i++)
        printf("%d",a[i]);
}
```

3. 程序调试

（1）根据编程分析，在划线处填写相应的代码，在 Code::Blocks 环境下编辑、编译、链接和运行程序。

（2）设计测试数据。

序号	输入	输出	备注
1			
2			
3			

（3）改进上述程序，从后向前比较，如待插入的数据小于当前元素的值，当前元素后移，直到待插入的数据大于等于当前元素，将待插入的数据插入到当前元素之后。

实验 6.4　杨辉三角

杨辉三角，是二项式系数在三角形中的一种几何排列，在中国南宋数学家杨辉1261 年所著的《详解九章算法》一书中出现。在欧洲，帕斯卡（1623－1662）在 1654 年发现这一规律，所以这个表又叫做帕斯卡三角形。帕斯卡的发现比杨辉要迟 393 年，比贾宪迟 600 年。杨辉三角的前 10 行如下：

```
1
1    1
1    2    1
1    3    3    1
1    4    6    4    1
1    5    10   10   5    1
1    6    15   20   15   6    1
1    7    21   35   35   21   7    1
1    8    28   56   70   56   28   8    1
1    9    36   84   126  126  84   36   9    1
```

请编写程序在屏幕上打印出杨辉三角的前 10 行。

1. 编程分析

杨辉三角中第 i 行的数字有 i 项，每行的第一个数和最后一个数为 1，其他数字等于它左上方和上方的两数之和。

2. 参考程序

```c
#include<stdio.h>
#include"stdlib.h"
#define N 10
int main()
{
```

```
        int i,j;
        int a[N][N];

        for(_____)           //循环控制杨辉三角的行数
        {
            _____               //每一列第一个元素的值赋1
            _____               //对角线上的元素的值赋1
            for(_____)              //循环控制杨辉三角的列数
                _____;          //其他数字等于它左上方和上方的两数之和
        }

        /*双重循环输出杨辉三角*/
        for(_____)
        {
            for(_____)
                printf("%-5d",a[i][j]);
            printf("\n");
        }

        return 0;
    }
```

3. 程序调试

根据编程分析，在划线处填写相应的代码，在 Code::Blocks 环境下编辑、编译、链接和运行程序。

实验 6.5　字符串操作

任意输入两个有序的字符串，将它们合并后仍是有序的字符串。

1. 编程分析

先创建一个新数组，该数组的大小大于或者等于两个已知数组大小的和。通过比较两个有序数组中的元素，谁小就把谁放到空数组中，直到其中一个数组为空，最后把剩下的数组全部放到创建的新数组中。

2. 参考程序

```
#include<stdio.h>
#include"string.h"

int main()
{
    char s[80],s1[40],s2[40];
    int i=0,j=0,k=0;

    printf("请输入有序字符串 s1: ");
    _____              //调用 gets 函数

    printf("请输入有序字符串 s2: ");
    _____             //调用 gets 函数

    for(;_____;)     //遍历两个字符数组元素直到其中一个结束，对字符数组进行有序合并
```

```
    {
        if(_____)
            _____
        else
            _____
    }
    while(_____)        //当字符数组 s1 没结束时，把剩下的字符赋到 s 字符数组中
        s[k++]=s1[i++];
    while(_____)        //当字符数组 s2 没结束时，把剩下的字符赋到 s 字符数组中
        s[k++]=s2[j++];
    s[k]='\0';              //字符数组 s 中赋字符串结束标志

    printf("合并后的有序字符串: ");
    puts(s);

    return 0;
}
```

3. 程序调试

（1）根据编程分析，在划线处填写相应的代码，在 Code::Blocks 环境下编辑、编译、链接和运行程序。

（2）设计测试数据。

序号	输入	输出	备注
1			
2			
3			

（3）如果输入的字符串 s1 和 s2 是无序的，那么如何使合并后的字符串有序？

实验 7　函数

7.1　实验目的与要求

- 掌握函数定义、调用和参数传递的机制与方法。
- 掌握函数嵌套调用与递归调用的方法。
- 了解全局变量和局部变量的概念和使用方法。

7.2　实验内容

实验 7.1　函数调用

求两个整数的最大公约数。

1. 编程分析

最大公因数，也称最大公约数、最大公因子，指两个或多个整数共有约数中最大的一个。欧几里德算法又称辗转相除法，用于计算两个正整数 a 和 b 的最大公约数。如求 1997 和 615 两个正整数的最大公约数，用欧几里德算法是这样进行的：1997 / 615 = 3（余 152），615 / 152 = 4（余 7），152 / 7 = 21（余 5），7 / 5 = 1（余 2），5 / 2 = 2（余 1），2 / 1 = 2（余 0）。至此，最大公约数为 1，以除数和余数反复做除法运算，当余数为 0 时，取当前算式除数为最大公约数，所以就得出了 1997 和 615 的最大公约数 1。计算公式 gcd(a,b) = gcd(b,a mod b)。应用领域有数学和计算机两个方面。

2. 参考程序

```c
#include"stdio.h"
int gcd(int a,int b)
{
    int t,r;

    if(a<b)
    {
        _____        //交换 a、b 的值
    }

    r=a%b;
    while(_____)        //余数不为 0，辗转相除法
    {
        _____
```

```
            _____
            _____
        }
        return b;
    }
    int main()
    {
        int x,y,fac;
        printf("Please input to number:");
        scanf("%d %d",&x,&y);
        _____        //调用gcd函数
        printf("The great common divisor is:%d",fac);
        return 0;
    }
```

3. 程序调试

（1）根据编程分析，在划线处填写相应的代码，在 Code::Blocks 环境下编辑、编译、链接和运行程序。

（2）设计测试数据。

序号	输入	输出	备注
1			
2			
3			

实验 7.2 函数嵌套调用

回文数是指一个数无论从左向右读还是从右向左读都是一样的，如 232、22 等。任取一个正整数，将其倒过来后与原来的正整数相加，会得到一个新的正整数。重复以上过程，则最终可以得到一个回文数。如输入整数 75，有如下回文形成过程：75+57=132，132+231=363。

1. 编程分析

定义 reverse 函数，功能是对整型形参 n 进行反转；定义 palindrome 函数，功能是判断整型形参 n 是否为回文，如果 n==reverse(n)，函数返回值 1，否则函数返回值为 0。

2. 参考程序

```
#include"stdio.h"
long reverse(long int n)
{
    long int t;
```

```
    for(_____)      //使用循环，对 n 反转

            _____

    return t;
}
int palindrome(long int n)
{
    if(_____)         //调用 reverse 函数，判断原数字和反转数字是否相等
        return 1;
    else
        return 0;
}

int main()
{
    long n,m;
    int count=0;

    printf("Please input a positive integer:");
    scanf("%ld",&n);

    printf("Palindrome Numbers are generated as follows:\n");

    /*不是回文数字，将其倒过来后与原来的正整数相加*/
    while(!palindrome((m=reverse(n))+n))
    {
        if(n>0&&m+n<n)      //数据溢出
        {
            printf("over flow error!\n");
            break;
        }
        else
        {
            printf("[%d]:%ld+%ld=%ld\n",++count,n,m,m+n);  //输出每次转换过程
            n+=m;
        }
    }

    printf("[%d]:%ld+%ld=%ld\n",++count,n,m,m+n);

    return 0;
}
```

3. 程序调试

（1）根据编程分析，在划线处填写相应的代码，在 Code::Blocks 环境下编辑、编译、链接和运行程序。

（2）设计测试数据。

序号	输入	输出	备注
1			
2			
3			

实验 7.3　函数递归调用

用递归法计算 Fibonacci（斐波那契）数列的前 n 项。

1. 编程分析

Fibonacci 数列的递归公式如下：

$$f_n = \begin{cases} 1, & n=1,2 \\ f_{n-1}+f_{n-2}, & n>2 \end{cases}$$

从 Fibonacci 数列的递归公式可以很清楚地确定递归结束条件：当 n=1 或 2 时，数列值为 1；当 n≥3 时，递推方式为 f_n 等于前两项之和。

2. 参考程序

```
#include<stdio.h>
long Fibo(int a);
int main()
{
    int n,i;
    long x;

    printf("Input n:");
    scanf("%d",&n);

    for(i=1; i<=n; i++)
    {
        _____;          //调用递归函数 Fibo 计算 Fibonacci 数列的第 n 项
        printf("Fibo(%d)=%d\n",i,x);
    }
}
/* 函数功能: 用递归法计算 Fibonacci 数列中第 n 项的值 */
long Fibo(int n)
{
    long f;

    if(n == 1||n == 2) _____;        //递归结束条件
    else _____;              //递归调用

    return f;
}
```

3. 程序调试

（1）根据编程分析，在划线处填写相应的代码，在 Code::Blocks 环境下编辑、编译、链接和运行程序。

（2）设计测试数据。

序号	输入	输出	备注
1			
2			
3			

实验 7.4 函数的参数传递

编写一个函数，对随机产生的 10 个整数按从小到大的顺序排序（用选择排序实现）。

1. 编程分析

选择法就是先将 10 个数中最小的数与 a[0]交换，再将 a[1]到 a[9]中最小的数与 a[1]交换，……，每比较一轮找出未经排序的数据中最小的一个。共比较 9 轮。

2. 参考程序

```c
#include<stdio.h>
#include<stdlib.h>
#include<time.h>
#define N 10
void sort(int s[],int n)
{
    int i,j,k,t;
    for(i=0;_____;i++)        //用于选择排序的外循环
    {
        k=i;                   //假设最小元素的位置
        for(j=i+1;_____;j++)   //用于选择排序的内循环，找出未经排序的数据中最小的一个
        {
            if(_____)       //假设不成立
                _____;
        }
        _____;_____;_____;    //把当前最小值交换到数组适当位置
    }
}
int main()
{
    int i,a[N];
    srand((unsigned)time(NULL));
    printf("随机产生 N 个整数: \n");
    for(i=0;i<N;i++)
    {
        a[i]=_____;      //随机产生 1～100 的整数
        printf("%3d",a[i]);
    }
```

```
    printf("\n");

    _____;                        //调用选择排序 sort 函数

    printf("排序后的 N 个整数: \n");
    for(i=0;i<N;i++)
        printf("%3d",a[i]);

    return 0;
}
```

3. 程序调试

（1）根据编程分析，在划线处填写相应的代码，在 Code::Blocks 环境下编辑、编译、链接和运行程序。

（2）请改用冒泡法实现程序的功能。

实验 7.5　变量的作用域

编写一个函数，使其可以记录自身被调用的次数。

1. 编程分析

在函数内定义一个静态局部变量 count，作为计数器，每次执行该函数时将 count 的值增 1，用来记录函数被调用的次数。

2. 参考程序

```
#include<stdio.h>
int main()
{
    void fun();
    int i;

    for(i=1;i<=5;i++)
        fun();

    return 0;
}

void fun()
{
    int a=0;
    _____;          //定义静态变量
    _____;          //记录函数调用次数

    a++;

    printf("a=%3d,count=%3d\n",a,count);
}
```

3. 程序调试

（1）根据编程分析，在划线处填写相应的代码，在 Code::Blocks 环境下编辑、编译、链接和运行程序。

（2）在 Code::Blocks 环境下单步调试执行，观察分析变量 a 和 count 的值的变化情况。

（3）用全局变量来实现题目要求的功能。

实验 8　预处理命令

8.1　实验目的与要求

- 掌握宏定义的方法。
- 掌握条件编译的运行。

8.2　实验内容

实验 8.1　带参数的宏

编辑运行下面的程序并分析运行结果，注意是如何进行宏替换的。

1. 参考程序

```c
#include<stdio.h>
#define f(a,b) (a)*(b)

int main()
{
    int x,y;

    printf("input two number:");
    scanf("%d%d",&x,&y);

    printf("f(%d,%d)=%d\n",x+y,x-y,f(x+y,x-y));

    return 0;
}
```

2. 程序调试

（1）设计测试数据。

序号	输入	输出	备注
1			
2			
3			

（2）将程序中的"#define f(a,b) (a)*(b)"改为"#define f(a,b) a*b"，重新调试程序，输入（1）中的测试数据，填写程序的运行结果。

序号	输入	输出	备注
1			
2			
3			

实验 8.2　条件编译和文件包含

按下面的要求编写程序并分析输出结果。

1. 定义宏

创建头文件 Header802.h，其中定义一个宏，形式如下：

```
#define HIGH_PRECISION
```

2. 参考程序

编辑如下 C 语言源程序，其中包含 Header802.h：

```
#include<stdio.h>
#include"header802.h"
#ifdef HIGH_PRECISION
#define PI 3.1415926
#define PRINT_FORMAT "%0.6f"
#else
#define PI 3.14
#define PRINT_FORMAT "%0.2f"
#endif

int main()
{
    float r,area;
    printf("请输入圆的半径: ");
    scanf("%f",&r);

    area=PI*r*r;

    printf("圆的面积是: ");
    printf(PRINT_FORMAT,area);

    return 0;
}
```

3. 程序调试

（1）运行该程序，运行时输入半径的值为 6.0，查看和分析运行结果。

（2）将 Header802.h 中宏 HIGH_PRECISION 的定义作为注释，重新编译、链接并运行上面的程序，运行时输入半径的值为 6.0，查看和分析运行结果。

实验 9　指针

9.1　实验目的与要求

- 掌握指针变量的使用与操作方法。
- 掌握使用指针访问数组和字符串的基本方法。
- 掌握指针变量作为函数参数的函数调用方法。

9.2　实验内容

实验 9.1　指针变量的基本用法

输入 3 个整数，按从小到大的顺序输出。

1．编程分析

定义一个函数 swap(int *p1,int *p2)，利用地址传递改变形参的值。在主函数中定义 3 个指向整型变量的指针变量，然后通过"*指针变量"的形式访问相应的简单变量。

2．参考程序

```
#include<stdio.h>
void swap(int *p1,int *p2)
{
    int temp;
    temp=*p1;
    *p1=*p2;
    *p2=temp;
}
int main()
{
    int a,b,c,*p1,*p2,*p3;

    _____;                      //指针 p1 指向变量 a
    _____;                      //指针 p2 指向变量 b
    _____;                      //指针 p3 指向变量 c
    scanf("%d%d%d",_____);      //使用指针变量输入整数

    if(a>b) _____;        //调用 swap 函数交换 a 和 b 的值
    if(a>c) _____;        //调用 swap 函数交换 a 和 c 的值
    if(b>c) _____;        //调用 swap 函数交换 b 和 c 的值
```

```
        printf("%d %d %d\n",*p1,*p2,*p3);    //利用指针输出结果

        return 0;
    }
```

3. 程序调试

（1）根据编程分析，在划线处填写相应的代码，在 Code::Blocks 环境下编辑、编译、链接和运行程序，在单步调试下观察各变量值的变化情况。

（2）设计测试数据。

序号	输入	输出	备注
1			
2			
3			

实验 9.2　指针与数组

下面是有 10 个整数的升序数列，存储在一维数组中，要求在其中插入任意一个整数后数列仍然有序。

数列：10,15,20,25,30,35,40,45,50,55

1. 编程分析

在实验 6.3 中，我们已经用下标访问数据元素的方法实现了有序数列的数据插入问题。现用指针访问数组元素的方法予以实现。只要在已有程序的基础上，将下标访问数组元素改为用指针访问数组元素，问题即可得以解决。

2. 参考程序

```
/* 用指针法在一维有序数组中插入数据程序 */
#include"stdio.h"
#define M 10
int main()
{
    int a[M+1]={10,15,20,25,30,35,40,45,50,55};
    int i,n,*p,*q;

    printf("请输入要插入的数据: ");
    scanf("%d",&n);

    for(_____)      //从前向后循环确定要插入的位置 p
        if(_____)           //如果待插入的数据小于等于当前数据，退出循环
            _____

    for(_____)      //从后向前循环向后移动数据，直到插入点
        _____

    *p=n;                    //插入数据
```

```
        printf("\n 插入数据后的数列: \n");
        for(p=a,i=0;i<M+1;i++)
            printf("%d",*(p+i));

        return 0;
    }
```

3. 程序调试

（1）根据编程分析，在划线处填写相应的代码，在 Code::Blocks 环境下编辑、编译、链接和运行程序，在单步调试下观察各变量值的变化情况。

（2）设计测试数据。

序号	输入	输出	备注
1			
2			
3			

实验 9.3　用指针实现选择法排序

对随机生成的 20 个整数进行升序排序（指针实现选择法排序）。

1. 编程分析

（1）定义一个 int 型一维数组 a，并用指针 p 指向它。

（2）用指针实现各个数组元素的输入。

（3）用指针访问各个数组元素，实现选择法排序。

（4）输出排序结果。

2. 参考程序

```
/* 用指针实现的选择法排序程序 */
#include<stdio.h>
#include<stdlib.h>
#include<time.h>
#define M 20
int main()
{
    int a[M],i,temp,*p,*q;
    srand((unsigned)time(NULL));

    printf("随机产生%d个整数: \n",M);
    for(p=a;p<a+M;p++)
    {
        _____;        //随机产生 1~100 的整数
        printf("%4d",*p);
    }
```

```
for(i=0;i<M-1;i++)              //用于选择排序的外循环
{
    q=&a[i];                    //假设最小元素的位置
    for(p=&a[i+1];_____;p++)  //用于选择排序的内循环，找出未经排序的数据中最小的一个
       if(_____)              //假设不成立
          q=p;

    temp=a[i]; a[i]=____;____=temp;   //把当前最小值交换到数组适当位置
}
printf("\n 选择法排序后的数列: \n");
for(p=a;p<a+M;p++)              //输出排序结果
   printf("%4d",*p);

return 0;
}
```

3. 程序调试

根据编程分析，在划线处填写相应的代码，在 Code::Blocks 环境下编辑、编译、链接和运行程序。

实验 9.4　指针与函数

在一个有 N 个元素的整型数组中查找一个整数 m，如果 m 在数组中，则将该数置 0，否则数据不变。

1. 编程分析

定义返回指针的函数 int *mathc(int *p,int N,int m)，实现在 p 所指向的长为 N 的数组中查找数 m。函数的返回值为在数组中找到与 m 相等的数组元素的地址。如果没有找到，返回空指针值。

2. 参考程序

```
#include"stdio.h"
int *match(int *p,int n,int m);
int main()
{
    int a[10]={1,2,3,4,5,6,7,8,9,10},b,i;
    int *(*f)();            //定义一个指向函数的指针变量 f
    int *pt;

    scanf("%d",&b);
    _____           //使 f 指向函数 match
    _____;          //通过指向函数的指针变量 f 调用 match 函数
    if(pt!=NULL)
        *pt=0;             //pt 所指变量的值赋 0
    for(i=0;i<10;i++)
        printf("%3d",a[i]);

    return 0;
```

```
    }
    int *match(int *p,int n,int m)
    {
        int i;
        for(i=0;_____;i++,p++)        //循环查找指定的数 m
        ;
        if(i==n)                         //未找到返回空指针
            return_____;
        else                             //找到，返回对应元素的指针
            return _____;
    }
```

3. 程序调试

（1）根据编程分析，在划线处填写相应的代码，在 Code::Blocks 环境下编辑、编译、链接和运行程序。

（2）设计测试数据。

序号	输入	输出	备注
1			
2			
3			

实验 9.5　指针与字符串

下面的程序实现的是将一个字符串中的所有字符连接到另一个字符数组中。

1. 编程分析

定义指向字符型变量的指针变量，然后通过"指针变量的移动"的形式访问字符数组中的每一个元素。

2. 参考程序

```
#include<stdio.h>
int main()
{
    char a[30],b[30],*p1,*p2;
    printf("请输入字符串到 a 中: ");
    gets(a);
    printf("请输入字符串到 b 中: ");
    gets(b);

    for(p1=a;_____;p1++)        //使用循环，移动指针变量 p1，使其指向字符串尾部
```

```
        ;
    for(p2=b;*_____;_____)   //使用循环，逐个字符复制，达到字符串复制效果
        _____
    *p1='\0';    //添加字符串结束标志

    printf("\n复制后的a串为: %s\n",a);     //输出字符串a
    printf("复制后的b串为: %s\n",b);       //输出字符串b

    return 0;
}
```

3. 程序调试

（1）根据编程分析，在划线处填写相应的代码，在 Code::Blocks 环境下编辑、编译、链接和运行程序。

（2）设计测试数据。

序号	输入	输出	备注
1			
2			
3			

实验 10 结构体与共用体

10.1 实验目的与要求

- 掌握结构体类型的声明和结构体变量的定义。
- 掌握结构体数组的使用方法。

10.2 实验内容

实验 10.1 结构体类型与结构体变量

用结构体类型显示时间（时间以时、分、秒表示）。输入一个时间数值和一个秒数 n，以 h:m:s 的格式输出该时间再过 n 秒后的时间值（超过 24 点则从 0 点开始计时）。

1. 编程分析

首先定义一个结构体类型：struct time{int hour,minute,second;}；再定义 stuct time 类型的结构体变量 t1 和 t2。t1 是输入的时间数值，t2 是 t1 时间 n 秒后的时间值。

2. 参考程序

```c
#include"stdio.h"
_____          //定义结构体类型
{
    int hour,minute,second;
}T;

int main()
{
    _____;            //定义结构体类型变量t1和t2
    int n,s1,s2;

    printf("Please input time (H M S):");
    scanf(_____);  //按时分秒输入时间给结构体变量t1
    printf("Please input a time value(S):");
    scanf("%d",&n);

    s1=_____          //将时间t1转换为秒
    s2=s1+n;                 //计算新时间的秒数
    t2.hour=s2/3600;         //计算新的时间（时）
    t2.minute=s2%3600/60;    //计算新的时间（分）
    t2.second=s2%60;         //计算新的时间（秒）
    if(t2.hour>=24)          //处理超过24点的情况
        t2.hour=24-t2.hour;
```

```
printf("The time after %d seconds is:",n);
printf(_____);      //按照时:分:秒的格式输出

return 0;
}
```

3. 程序调试

（1）根据编程分析，在划线处填写相应的代码，在 Code::Blocks 环境下编辑、编译、链接和运行程序。

（2）设计测试数据。

序号	输入	输出	备注
1			
2			
3			

实验 10.2 共用体类型与共用体变量

给定一个十六进制 short int 型数，将其前一个字节和后一个字节分别作为两个 char 型数以十六进制和字符型输出。

1. 编程分析

利用共用体类型的特点，short 类型和字符数组 c[2]所占字节数都为 2 个字节，分别输出 c[0]和 c[1]即可得到 short 类型变量高低字节所存放的值。

2. 参考程序

```
#include"stdio.h"
union change
{
    char c[2];
    short a;
}un;

int main()
{
    un.a=0x4142;

    printf("%x,%c\n",_____);   //输出共用体变量成员 c[0]的值
    printf("%x,%c\n",_____);   //输出共用体变量成员 c[1]的值

    return 0;
}
```

3. 程序调试

根据编程分析，在划线处填写相应的代码，在 Code::Blocks 环境下编辑、编译、链接和运行程序。

实验 10.3　链表

采用单向链表建立一个学生信息表，每个节点包括学号（int no）、姓名（char name[20]）、成绩（int score），并输出学生信息。

1. 编程分析

创建一个学生信息单向链表，主要步骤：读取数据项、生成新节点、将数据存入节点的成员变量中和将新节点插入到链表中。设置 3 个指针变量：head、tail 和 p，head 指向链表的首节点，tail 指向链表的尾节点，p 指向新创建的节点。采用尾插法，通过 tail->next=p;将新创建的节点连接到链表末尾，使之成为新的尾节点。当输入的学生信息为 0 时，构建链表结束。

2. 参考程序

```c
#include<stdio.h>
#include<stdlib.h>
typedef struct student          //创建结构体类型
{
    int no;                     //学号
    char name[20];              //姓名
    int score;                  //成绩
    struct student *next;       //指向结构体类型的指针变量
}ST;

int main()
{
    ST *head,*tail,*p;
    int count=0;

    head=tail=NULL;
    p=(ST *)malloc(sizeof(ST));     //申请一个 ST 类型的空间，使 p 指向它
    printf("请输入学号 姓名 成绩: \n");
    scanf("%d%s%d",&p->no,p->name,&p->score);

    while(p->no!=0)
    {
        count++;
        if(count==1)
          {head=p;}             //当链表为空时 head 指向链表的首节点
        else
          {tail->next=p;}       //新创建的节点连接到链表的尾部
        tail=p;                 //使 tail 指向链表的尾部
        p=(ST *)malloc(sizeof(ST));     //申请一个 ST 类型的空间，使 p 指向它
        scanf("%d%s%d",&p->no,p->name,&p->score);
    }

    tail->next=NULL;
    for(p=head;_____;_____)     //从链表头开始输出节点数据
        printf("%d %s %d\n",p->no,p->name,p->score);
```

```
        return 0;
    }
```

3. 程序调试

（1）根据编程分析，在划线处填写相应的代码，在 Code::Blocks 环境下编辑、编译、链接和运行程序。

（2）设计测试数据。

序号	输入	输出	备注
1			
2			
3			

实验 11　文件操作

11.1　实验目的与要求

- 了解文件、缓冲文件系统、文件指针的概念。
- 掌握打开、关闭、读、写等文件操作函数。
- 掌握对文件进行字符读写、块读写的方法。

11.2　实验内容

实验 11.1　通过 fscanf 函数和 fprintf 函数读/写文件

编写程序，创建数据文件 students.txt 用于存储学生信息。已知每一位学生包括姓名、性别、年龄和成绩 4 项数据。按指定的格式读写。

1. 编程分析

应以"w"方式将 students.txt 文件打开，为文件的写入作准备；应以"r"方式将 students.txt 文件打开，为文件的显示作准备。用 feof 函数判断文件结束状态。

2. 参考程序

```
#include<stdio.h>
#include<stdlib.h>
int main()
{
    int num,age,count;
    float score;
    char name[20];
    FILE *fp;

    if((fp=_____)==NULL)            //以"w"方式打开 student.txt 文件
    {
        printf("can not open file.\n");
        exit(0);
    }

    for(count=0; ;count++)
    {
        printf("input the NO%d student num name score age\n",count+1);
        _____(stdin,"%d",&num);    //从键盘输入
        if(num==0)
```

```
            break;
        _____ (stdin,"%s%f%d",name,&score,&age);       //从键盘输入
        //写入 student.txt 文件
        _____ (fp,"%5d%10s%7.2f%3d\n",num,name,score,age);
    }

    fclose(fp);       //关闭 student.txt 文件

    if((fp=_____)==NULL)   //以"r"方式打开 student.txt 文件
    {
        printf("can not open file.\n");
        exit(0);
    }

    printf("students message:\n");
    while(_____)     //文件未结束
    {
        //从 student.txt 文件读
        _____ (fp,"%5d%10s%7f%3d\n",&num,name,&score,&age);
        //在屏幕上输出
        _____ (stdout,"%5d%10s%7.2f%3d\n",num,name,score,age);
    }

    fclose(fp);
}
```

3. 程序调试

（1）根据编程分析，在划线处填写相应的代码，在 Code::Blocks 环境下编辑、编译、链接和运行程序。

（2）设计测试数据。

序号	输入	输出	备注
1			
2			
3			

注：程序以输入学号为 0 结束。在计算机中找到 students.txt 文件，查看文件内容是否正确。

实验 11.2 使用 fread 函数和 fwrite 函数读/写文件

将 20 个学生的数据输入 stulib.dot 文件中。

1. 程序分析

fread()和 fwrite()两个函数的返回值都是它们操作的数据块的个数，并且一般均用于二进制

文件的读写，这是因为它们是按数据块的长度输入输出的。如果按 ASCII 文件操作，则需要在操作中进行字符转换，转换过程中出现错误就影响了正确的输入输出。

2. 参考程序

```c
#include<stdio.h>
#include<stdlib.h>
#define N 20
struct stu
{
    char name[20];    //姓名
    char sex;         //性别
    int age;          //年龄
    float score;      //成绩
}s1[N];

int main()
{
    int i;
    FILE *fp;

    if((fp=_____)==NULL)   //以 "wb" 方式打开 stdlib.dot 文件
    {
        printf("can not open file.\n");
        exit(0);
    }

    printf("inpu the  student's name sex age score\n");
    for(i=0;i<N;i++)
    {
        printf("NO %d:",i+1);
        scanf("%s %c %d %f",s1[i].name,&s1[i].sex,&s1[i].age,&s1[i].score);
        ____(&s1[i],_____,1,fp);   //把 s1[i] 数据块写到 fp 所指的文件中
    }

    fclose(fp);
    if((fp=_____)==NULL)   //以 "rb" 方式打开 stdlib.dot 文件
    {
        printf("can not open stdlib.dot\n");
        exit(0);
    }

    printf(" name\t sex\t age\t score\n");
    while(____(&s1[0],_____,1,fp)==1)   //从 fp 所指的文件中读一块数据到 s1[0] 中
    {
        printf("%s\t",s1[0].name);
        printf("%c\t",s1[0].sex);
        printf("%d\t",s1[0].age);
        printf("%.2f\n",s1[0].score);
```

```
        }
        printf("\n");

        fclose(fp);

        return 0;
    }
```

3. 程序调试

（1）根据编程分析，在划线处填写相应的代码，在 Code::Blocks 环境下编辑、编译、链接和运行程序。

（2）设计测试数据。

序号	输入	输出	备注
1			
2			
3			

实验 12 综合性实验

12.1 实验目的与要求

● 复习并掌握常用数据结构的基本用法。
● 复习并掌握一些常见问题的基本实现算法。
● 学习并掌握 C 语言编程的思想，进行复杂程序的设计。

12.2 实验内容

实验 设计"学生成绩管理系统"

要求：

（1）编写实现学生信息录入、显示、查找、添加、保存、成绩排序等功能的函数。

（2）应提供键盘式选择菜单实现功能选择。

（3）数据输入和结果输出要用文件存放。

功能：

（1）录入的学生信息包括学号、姓名、数学成绩、英语成绩、计算机成绩。

（2）将学生记录按照平均成绩从高到低排序。

（3）追加新的学生记录。

（4）显示所有学生的信息，建议采用分屏显示。

（5）输入要修改信息的学生的学号，根据学号查找学生记录，根据用户的要求修改相应信息。

（6）用户输入要删除学生的学号，根据学号查找学生记录并删除。删除位置后面的记录往前移。

（7）根据用户输入的学生的姓名查找对应的记录并显示。

（8）插入一条学生记录，插入后所有记录仍然按照平均成绩有序排列。

数据结构：

```c
struct student
{
    int no;          //学号
    char name[10];   //姓名
    int score[3];    //成绩
    float ave;
}stu[N]
```

第二部分　练习题

第 1 章　程序设计概述

✓经典试题解析

【**试题 1**】以下叙述错误的是_____。

　　A．一个 C 程序可以包含多个不同名的函数

　　B．一个 C 程序只能有一个主函数

　　C．C 程序在书写时有严格的缩进要求，否则不能编译通过

　　D．C 程序的主函数必须用 main 作为函数名

答案：C

解析：本题主要考查 C 语言程序的基本结构。

　　一个 C 程序可以包含多个不同名的函数，故选项 A 的叙述是正确的；一个 C 程序有且只有一个主函数 main，故选项 B、D 的叙述是正确的；C 程序在书写时没有严格的缩进要求，故选项 C 的叙述是错误的。

【**试题 2**】以下叙述中正确的是_____。

　　A．在 C 语言程序中，main 函数必须放在其他函数的最前面

　　B．每个后缀为.C 的 C 语言源程序都可以单独进行编译

　　C．在 C 语言程序中，只有 main 函数才可以单独进行编译

　　D．每个后缀为.C 的 C 语言源程序都应该包含一个 main 函数

答案：B

解析：本题主要考查 C 语言程序的基本结构和程序的编译。

　　main 函数可以出现在 C 程序的任何地方，故选项 A 的叙述是错误的；在 C 语言程序中，后缀为.C 的 C 语言源程序都可以单独进行编译，故选项 B 的叙述是正确的、选项 C 的叙述是错误的；在 C 语言程序中，所有源程序文件中有且只有一个 main 函数，故选项 D 的叙述是错误的。

【**试题 3**】以下叙述中正确的是_____。

　　A．C 程序的基本组成单位是语句　　B．C 程序中的每一行只能写一条语句

　　C．简单 C 语句必须以分号结束　　D．C 语句必须在一行内写完

答案：C

解析：本题主要考查 C 语言语句的基础知识。

　　C 程序的基本组成单位是函数，故选项 A 的叙述是错误的；C 程序一行能写多条语句，也可以将一条语句分几行书写，故选项 B、D 的叙述是错误的；C 程序的每条语句必须以分号结束，故选项 C 的叙述是正确的。

【试题4】C语言编译程序的功能是_____。

　　A．执行一个C语言编写的源程序

　　B．把C源程序翻译成ASCII码

　　C．把C源程序翻译成机器代码

　　D．把C源程序与系统提供的库函数组合成一个二进制执行文件

答案：C

解析：编译程序将C源程序翻译成相应的二进制机器代码。

【试题5】以下叙述中错误的是_____。

　　A．C语言的可执行程序是由一系列机器指令构成的

　　B．用C语言编写的源程序不能直接在计算机上运行

　　C．通过编译得到的二进制目标程序需要链接才可以运行

　　D．在没有安装C语言集成开发环境的机器上不能运行C源程序生成的.exe文件

答案：D

解析：C源程序经过编译、链接后生成的.exe可执行文件可以脱离C语言集成开发环境运行。

【试题6】计算机高级语言程序的运行方法有编译执行和解释执行两种，以下叙述中正确的是_____。

　　A．C语言程序仅可以编译执行

　　B．C语言程序仅可以解释执行

　　C．C语言程序既可以编译执行，又可以解释执行

　　D．以上说法都不对

答案：A

解析：C语言程序只能编译执行，不能解释执行。

【试题7】下列叙述中错误的是_____。

　　A．C程序在运行过程中所有的计算都以二进制方式进行

　　B．C程序在运行过程中所有的计算都以十进制方式进行

　　C．所有的C程序都需要在链接无误后才能运行

　　D．C程序中整型变量只能存放整数，实型变量只能存放浮点数

答案：B

解析：C程序在运行过程中所有的计算都以二进制方式进行。

【试题8】以下叙述中正确的是_____。

　　A．程序设计的任务就是编写程序代码并上机调试

　　B．程序设计的任务就是确定所用数据结构

　　C．程序设计的任务就是确定所用算法

　　D．以上三种说法都不完整

答案：D

解析：程序设计是指设计、编程、调试程序的方法和过程，包括确定数据结构和算法。

【试题9】针对简单程序设计，以下叙述的实施步骤正确的是_____。

　　A．确定算法和数据结构、编码、调试、整理文档

B. 编码、确定算法和数据结构、调试、整理文档

C. 整理文档、确定算法和数据结构、编码、调试

D. 确定算法和数据结构、调试、编码、整理文档

答案： A

解析： 简单程序设计的步骤是，首先要确定算法和数据结构，然后编码、调试，最后整理相关文档。

【试题 10】构成 C 程序的 3 种基本结构是_____。

A. 顺序结构、转移结构、递归结构　　B. 顺序结构、嵌套结构、递归结构

C. 顺序结构、选择结构、循环结构　　D. 选择结构、循环结构、嵌套结构

答案： C

解析： 结构化程序设计由顺序结构、选择结构和循环结构 3 种基本结构构成。

【试题 11】以下关于结构化程序设计的叙述中正确的是_____。

A. 一个结构化程序必须同时由顺序、分支、循环 3 种结构组成

B. 结构化程序使用 goto 语句会很便捷

C. 在 C 语言中，程序的模块化是利用函数实现的

D. 由 3 种基本结构构成的程序只能解决小规模的问题

答案： C

解析： 本题主要考查结构化程序设计的基础知识。一个结构化程序不是必须包括 3 种结构，故选项 A 的叙述是错误的；在结构化程序设计思想中不提倡通过 goto 语句来控制程序流程的跳转，故选项 B 的叙述是错误的；由 3 种基本结构组成的算法结构可以解决任何复杂的问题，故选项 D 的叙述是错误的；以功能块为单位进行程序设计，实现其求解算法的方法称为模块化，在 C 语言程序设计中，这些功能模块称为函数，故选项 C 的叙述是正确的。

【试题 12】以下关于算法的叙述中错误的是_____。

A. 算法可以用伪代码、流程图等多种形式来描述

B. 一个正确的算法必须有输入

C. 一个正确的算法必须有输出

D. 用流程图可以描述的算法可以用任何一种计算机高级语言编写成程序代码

答案： B

解析： 一个正确的算法可以有零个或者多个输入，必须有一个或者多个输出。

【试题 13】以下选项中，能用作用户标识符的是_____。

A. void　　　　　　B. 8_8　　　　　　C. _o　　　　　　D. unsigned

答案： C

解析： 本题主要考查标识符和关键字的相关知识。

关键字不能作为自定义的标识符，选项 A、D 是关键字，不能用作用户标识符；标识符第一个字符必须是字母或下划线，选项 B 以数字作为第一个字符是错误的。

【试题 14】C 语言中的标识符分为关键字、预定义标识符和用户标识符，以下叙述中正确的是_____。

A. 预定义标识符（如库函数中的函数名）可用作用户标识符，但失去原有含义

B. 用户标识符可以由字母和数字以任意顺序组成

  C．在标识符中大写字母和小写字母被认为是相同的字符

  D．关键字可用作用户标识符，但失去原有含义

答案： A

解析： 本题主要考查标识符的相关知识。

  允许把预定义标识符重新定义另作他用，但这将失去预先定义的原义，故选项 A 是正确的；数字不可以用作标识符的第一个字符，故选项 B 是错误的；标识符中区分字母大小写，故选项 C 是错误的；关键字不能用作用户标识符，故选项 D 是错误的。

 习题

扫码查看答案

一、选择题

1．一个 C 程序的执行是从（　　　）。

  A．本程序的 main 函数开始，到 main 函数结束

  B．本程序文件的第一个函数开始，到本程序文件的最后一个函数结束

  C．本程序文件的第一个函数开始，到本程序的 main 函数结束

  D．本程序的 main 函数开始，到本程序文件的最后一个函数结束

2．下列叙述中错误的是（　　　）。

  A．一个 C 语言程序只能实现一种算法

  B．C 程序可以由多个程序文件组成

  C．C 程序可以由一个或多个函数组成

  D．一个 C 函数可以单独作为一个 C 程序文件存在

3．下列叙述中正确的是（　　　）。

  A．每个 C 程序文件中都必须有一个 main 函数

  B．在 C 程序中 main 函数的位置是固定的

  C．C 程序中所有函数之间都可以相互调用，与函数所在位置无关

  D．在 C 程序的函数中不能定义另一个函数

4．以下叙述中错误的是（　　　）。

  A．计算机可以直接识别由十六进制代码构成的程序

  B．可以连续执行的指令的集合称为"程序"

  C．"程序"是人与计算机"对话"的语言

  D．计算机可以直接识别由 0 和 1 组成的机器语言代码

5．下列叙述中不正确的是（　　　）。

  A．一个 C 源程序必须包含一个 main 函数

  B．一个 C 源程序可由一个或多个函数组成

  C．C 程序的基本组成单位是函数

  D．在 C 程序中，注释说明只能位于一条语句的后面

6．下列叙述中正确的是（　　　）。

  A．在对一个 C 程序进行编译的过程中可以发现注释中的拼写错误

B．在 C 程序中，main 函数必须位于程序的最前面

C．C 语言本身没有输入输出语句

D．C 程序的每行中只能写一条语句

7．一个 C 语言程序由（　　）。

　　A．一个主程序和若干个子程序组成　　B．函数组成

　　C．若干过程组成　　　　　　　　　　D．若干子程序组成

8．C 源程序编译成功后生成的文件后缀是（　　）。

　　A．EXE　　　　　　B．C　　　　　　C．C++　　　　　　D．OBJ

9．C 语言的函数体由（　　）括起来。

　　A．<>　　　　　　B．{ }　　　　　　C．[ ]　　　　　　D．( )

10．C 语言规定，必须用（　　）作为主函数名。

　　A．Function　　　　B．include　　　　C．main　　　　D．stdio

11．下列叙述中，（　　）不是结构化程序设计中的 3 种基本结构之一。

　　A．数据结构　　　B．选择结构　　　C．循环结构　　　D．顺序结构

12．在 C 语言中，每个语句和数据定义是用（　　）结束。

　　A．句号　　　　　B．逗号　　　　　C．分号　　　　　D．括号

13．C 语言规定：在一个源程序中，main 函数的位置（　　）。

　　A．必须在最开始　　　　　　　B．必须在系统调用的库函数的后面

　　C．可以在任意位置　　　　　　D．必须在源文件的最后

14．下列叙述中错误的是（　　）。

　　A．计算机不能直接执行用 C 语言编写的源程序

　　B．C 程序经 C 编译程序编译后，生成的后缀为.obj 的文件是一个二进制文件

　　C．后缀为.obj 的文件，经链接程序生成的后缀为.exe 的文件是一个二进制文件

　　D．后缀为.obj 和.exe 的二进制文件都可以直接运行

15．下列叙述中错误的是（　　）。

　　A．C 语言是一种结构化程序设计语言

　　B．结构化程序由顺序、分支、循环 3 种基本结构组成

　　C．使用 3 种基本结构构成的程序只能解决简单问题

　　D．结构化程序设计提倡模块化的设计方法

16．C 语言中的标识符只能由字母、数字和下划线组成且第一个字符（　　）。

　　A．必须为字母或下划线　　　　　　B．必须为下划线

　　C．必须为字母　　　　　　　　　　D．可以是字母、数字和下划线中的任意一个

17．C 语言中，编程人员可以使用的合法标识符是（　　）。

　　A．if　　　　　　　B．6e8　　　　　　C．char　　　　　D．print

18．C 语言程序中可以对程序进行注释，注释部分必须用符号（　　）括起来。

　　A．{和}　　　　　B．[和]　　　　　C．/*和*/　　　　D．*/和/*

19．C 语言程序编译时，程序中的注释部分（　　）。

　　A．参加编译，并会出现在目标程序中

　　B．参加编译，但不会出现在目标程序中

C．不参加编译，但会出现在目标程序中

D．不参加编译，也不会出现在目标程序中

20．以下叙述中正确的是（　　　）。

A．编写 C 程序，只需编译、链接没有错误就能运行得到正确的结果

B．C 程序的语法错误包括编译错误和逻辑错误

C．C 程序有逻辑错误，则不可能链接生成 EXE 文件

D．C 程序的运行时错误也是由程序的逻辑错误产生的，引起程序的运行中断

二、程序设计题

编写一个 C 程序，输出以下信息：

```
************************
    I am a student!
************************
```

扫码查看答案

第2章 程序的输入与输出

✅ 经典试题解析

【试题1】 若变量 x、y 已定义为 int 型且 x 的值为 99，y 的值为 9，请将输出语句 printf (_____, x / y);补充完整，使其输出的计算结果形式为：x / y = 11。

答案："x/y=%d"

解析：本题主要考查 printf 函数调用。printf 函数调用形式为"printf(格式控制,输出表列);"。输出整型的格式控制为"%d"。根据输出结果可知，空格处应填"x/y=%d"。

【试题2】 若整型变量 a 和 b 中的值分别为 7 和 9，要求按以下格式输出 a 和 b 的值：

```
a=7
b=9
```

请完成输出语句：printf("_____", a, b);。

答案：a=%d\n b=%d\n

解析：本题主要考查 printf 函数调用中的格式控制。格式控制必须用%开头，以一个格式字符作为结束。要求输出值是整型，所以使用的格式字符应该是 d，还要注意题目是分两行输出的，所以在它们中间要加转义字符"\n"。

【试题3】 有以下程序：

```c
#include<stdio.h>
int main()
{
    int a=1,b=0;
    printf("%d,",b=a+b);
    printf("%d\n",a=2*b);
    return 0;
}
```

程序运行后的输出结果是_____。

A. 0,0   B. 1,0   C. 3,2   D. 1,2

答案：D

解析：本题主要考查 printf 函数调用。先为 a、b 赋值；做运算 a + b，结果为 1，赋值给 b；将 b 的值 1 输出；做运算 2 * b，结果为 2，赋值给 a；将 a 的值 2 输出。

【试题4】 有以下程序：

```c
#include<stdio.h>
int main()
{
    int k=10;
    printf("%4d,%o,%x\n",k,k,k);
    return 0;
}
```

程序的运行结果是_____。（□代表一个空格）

 A．10,12,a   B．□□10,012,a   C．010,12,a   D．□□10,12,a

答案：D

解析：本题主要考查 printf 函数调用。%4d 表示按有符号十进制形式输出，共占 4 个字符，默认右对齐。10 本身占 2 个字符，故先输出 2 个空格，然后输出 10；%o 表示按无符号八进制形式输出，10 的八进制为 12；%x 表示按无符号十六进制（小写）形式输出，10 的十六进制为 a。

【试题 5】程序段：int x = 12; double y=3.141593; printf("%d%8.6f",x,y);的输出结果是_____。

 A．123.141593   B．12　3.141493   C．12,3.141593   D．123.1415930

答案：A

解析：本题主要考查 printf 函数调用。"%8.6f"表示输出实型数据，指定输出数据的最小宽度为 8，小数点后保留 6 位。y 的值正好是 8 位，所以 x 与 y 之间没有空格。

【试题 6】设变量 a 和 b 已定义为 int 型，若要通过 scanf "a=%d,b=%d" , &a , &b);语句分别给 a 和 b 输入 1 和 2，则正确的数据输入内容是_____。

答案：a=1,b=2

解析：本题主要考查 scanf()函数调用中普通字符的输入。"scanf("a=%d,b=%d",&a,&b)"中"a="","b="都是普通字符，在输入数据时必须按原样输入。由于两个格式说明"%d"之间有逗号，所以输入 a、b 的数值时不需要用空格键或 Tab 键或回车键分隔。如果去掉逗号，输入时就不能用逗号，而要用空格键或 tab 键或回车键将两个数据隔开。

【试题 7】有以下程序：

```c
#include<stdio.h>
int main()
{
    int x,y;
    scanf("%2d%2d",&x,&y);
    printf("%d\n",x+y);
    return 0;
}
```

程序运行时输入：1234567，运行后的输出结果是_____。

答案：46

解析：本题主要考查 scanf 函数调用中根据指定域宽进行输入。程序运行时输入：1234567，将 12 赋给 x，将 34 赋给 y，输出 46。

【试题 8】以下程序运行时从键盘输入：1.0 2.0，输出结果是 1.000000 2.000000，请填空。

```c
#include<stdio.h>
int main()
{
    double a;float b;
    scanf("_____",&a, &b);
    printf("%f%f\n",a,b);
    return 0;
}
```

答案：%lf%f

解析： 本题主要考查 scanf 函数调用中的格式控制。每个格式说明都必须用%开头，以一个"格式字符"作为结束，单精度数用 f，双精度数用 lf。

【试题9】 设有以下语句：

```
char ch1,ch2;scanf("%c%c",&ch1,&ch2);
```

若要为变量 ch1 和 ch2 分别输入字符 A 和 B，正确的输入形式应该是_____。

A．A 和 B 之间用逗号间隔　　　　　　B．A 和 B 之间不能有任何间隔符

C．A 和 B 之间可以用回车间隔　　　　D．A 和 B 之间用空格间隔

答案： B

解析： 本题主要考查 scanf 函数调用中的输入格式。输入格式说明为"%c%c"，其中没有任何符号，所以输入时中间不能加任何字符（包括逗号、回车和空格，它们也是字符）。

【试题10】 有以下程序：

```c
#include<stdio.h>
int main()
{
    char a,b,c,d;
    scanf("%c%c",&a,&b);
    c=getchar();
    d=getchar();
    printf("%c%c%c%c\n",a,b,c,d);
}
```

当执行程序时按下列方式输入数据（从第一列开始，<CR>代表回车，注意回车是一个字符）：

```
12<CR>
34<CR>
```

则输出结果是_____。

A．1234　　　　　　B．12　　　　　　C．12　　　　　　D．12
　　　　　　　　　　　　　　　　　　　　3　　　　　　　34

答案： C

解析： getchar 函数的功能是从标准输入设备上读入一个字符。根据 scanf 函数的格式控制可知，接收输入时分别把'1'赋给了 a，'2'赋给了 b，然后 getchar 函数提取了一个换行符赋给 c，再提取一个字符'3'赋给了 d。所以程序的输出结果为"12<CR>3"。

 习题

一、选择题

1．在 scanf 函数的格式控制中，格式说明的类型与输入的类型应该一一对应匹配。如果类型不匹配，系统（　　　）。

A．不予接收

B．不给出出错信息，但不可能得出正确信息数据

C．能接收正确输入

扫码查看答案

D．给出出错信息，不予接收输入

2．printf 函数中格式控制与输出项的个数必须相同，格式说明的个数小于输出项的个数，多余的输出项将（　　）。

    A．不予输出　　　　　　　　　　　B．输出空格

    C．正常输出　　　　　　　　　　　D．输出不定值或 0

3．下列程序的输出结果是（　　）。

```c
#include"stdio.h"
int main()
{
    int i=010,j=10,k=0x10;
    printf("%d,%d,%d\n",i,j,k);
    return 0;
}
```

    A．8,10,16　　　　　　　　　　　B．8,10,10

    C．10,10,10　　　　　　　　　　　D．10,10,16

4．printf 函数中用到格式符"%4s"，其中数字 4 表示输出的字符串占用 4 列。如果字符串长度大于 4，则按原字符串从左向右全部输出；如果字符串长度小于 4，则输出方式为（　　）。

    A．从左起输出该字符串，右补空格　　B．按原字符串从左向右全部输出

    C．右对齐输出该字符串，左补空格　　D．输出错误信息

5．根据定义和数据的输入方式，输入语句的正确形式为（　　）。

    已有定义：float　a1, a2;

    数据的输入方式：4.523

                  3.52

    A．scanf("%f%f",&a1,&a2);　　　　B．scanf("%f,%f",a1,a2);

    C．scanf("%4.3f,%3.2f",&a1,&a2);　　D．scanf("%4.3f%3.2f",a1,a2);

6．设有定义：int a; float b;，执行 scanf("%2d%f",&a,&b);语句时，若从键盘输入 876543.0<CR>，a 和 b 的值分别是（　　）。

    A．876 和 543.000000　　　　　　B．87 和 6.000000

    C．87 和 6543.000000　　　　　　D．76 和 543.000000

7．有下列程序：

```c
#include"stdio.h"
int main()
{
    int a=0,b=0;
    a=10;
    b=20;
    printf("a+b=%d\n",a+b);
    return 0;
}
```

程序运行后的输出结果是（　　）。

    A．a+b=10　　　　B．a+b=30　　　　C．30　　　　　　　D．出错

8. 执行如下代码（□代表空格）后显示（　　）。

```
int k;
k=8567;
printf("|%-06d|\n",k);
```

  A. 无法显示   B. |008567| C. |8567□□| D. 1-08567|

9. 用小数或指数形式输入实数时，在 scanf 函数中格式说明字符为（　　）。

  A. d   B. c   C. f   D. r

10. 可以输入字符型数据存入字符变量 c 的语句是（　　）

  A. putchar(c); B. getchar(c); C. getchar(); D. scanf("%c",&c);

11. 若 x 是 int 型变量，y 是 float 型变量，为了将数据 55 和 55.5 分别赋给 x 和 y，则执行语句 scanf("%d,%f",&x,&y);时正确的键盘输入是（　　）。

  A. 55,55.5✓ B. x=55,y=55.5✓ C. 55✓55.5✓ D. x=55✓y=55.5✓

12. 以下描述中正确的是（　　）。

  A. 输入项可以是一个实型常量，如 scanf("%f" 4.8);

  B. 只有格式控制没有输入项也能输入，如 scanf("a=%d,b=%d");

  C. 当输入一个实型数据时格式控制部分应规定小数点后的位数，如 scanf("%5.3f",&f);

  D. 当输入数据时必须指明变量的地址，如 scanf("%f",&f);

13. 执行如下代码：

```
int i
scanf("%f",&i);
printf("&d",i);
```

输入值为 7，输出为（　　）。

  A. 7   B. 7.000000 C. 1088421888 D. 0.000000

14. 有以下代码，运行结果是（　　）。（□代表空格）

```
float x=213.82631;
printf("%-8.2f\n",x);
```

  A. 不能输出 B. □□213.82 C. -213.82 D. 213.83□□

15. 设有 "char ch;"，与语句 "ch=getchar();" 等价的是（　　）。

  A. printf("%c",ch);   B. printf("%c",&ch);

  C. scanf("%c",ch);   D. scanf("%c",&ch);

二、程序填空题

1. 下面程序执行后的输出结果为 "a=1.382,b=9.163,i=20"，请在程序的下划线处填入正确的内容。

```
#include<stdio.h>
int main()
{
    float a=1.382,b=9.163;
    int i=20;
    printf("_____",a,b,i);
    return 0;
}
```

扫码查看答案

2. 下面程序执行后的输出结果为"65 A"，请在程序的下划线处填入正确的内容。

```c
#include<stdio.h>
int main()
{
    char a;
    a='A';
    printf("_____",a,a);
    return 0;
}
```

3. 下面程序执行后的输出结果为"3.140000,3.142"，请在程序的下划线处填入正确的内容。

```c
#include<stdio.h>
int main()
{
    float a=3.14,b=3.14159;
    printf("_____",a,b);
    return 0;
}
```

4. 执行下列程序时，输入 1234567<CR>，则输出"a=12,b=345"，请在程序的下划线处填入正确的内容。

```c
#include<stdio.h>
int main()
{
    int a=1,b;
    scanf("_____",&a,&b);
    printf("_____",a,b);
    return 0;
}
```

三、程序设计题

1. 输入圆的半径，计算圆的面积并输出，输出时保留 2 位小数。

2. 设计一个具有班级、学号、姓名和性别的考生信息标志。

3. 编写程序，用 getchar 函数读入两个字符，然后分别用 putchar 函数和 printf 函数输出这两个字符。

扫码查看答案

4. 编写程序，输入两个实型数据，以保留 2 位小数的形式输出这两个数。

第3章 顺序结构程序设计

✅ 经典试题解析

【试题1】 以下关于 C 语言数据类型使用的叙述中错误的是_____。

A. 若要准确无误地表示自然数，应使用整数类型

B. 若要保存带有多位小数的数据，应使用双精度类型

C. 若要处理如"人员信息"等含有不同类型数据的相关数据，应自定义结构体类型

D. 若只处理"真"和"假"两种逻辑值，应使用逻辑类型

答案：D

解析：在 C 语言中没有逻辑类型，是借用整型、字符型、实型来描述逻辑数据。

【试题2】 关于 C 语言中数的表示，以下叙述中正确的是_____。

A. 只有整型数在允许范围内能精确无误地表示，实型数会有误差

B. 只要在允许范围内整型和实型都能精确表示

C. 只有实型数在允许范围内能精确无误地表示，整型数会有误差

D. 只有八进制表示的数不会有误差

答案：A

解析：实型数据在内存中存储的二进制位数是有限的。一个十进制实数转化为二进制实数时，其有效数字位数有可能会超过存储长度，从而导致有效数字丢失而产生误差。

【试题3】 以下选项中关于 C 语言常量的叙述中错误的是_____。

A. 所谓常量，是指在程序运行过程中其值不能被改变的量

B. 常量分为整型常量、实型常量、字符常量和字符串常量

C. 常量可分为数值型常量和非数值型常量

D. 经常被使用的变量可以定义为常量

答案：D

解析：常量是指在程序运行过程中其值不能被改变的量，而变量是指在程序运行过程中其值可以改变的量。变量和常量是两个完全不同的概念，变量不可以定义为常量。

【试题4】 以下叙述中错误的是_____。

A. 非零的数值型常量有正值和负值之分

B. 常量是在程序运行过程中值不能被改变的量

C. 定义符号常量必须用类型名来设定常量的类型

D. 用符号名表示的常量叫符号常量

答案：C

解析：符号常量不需要用类型名设定类型。

【试题5】 以下程序运行后的输出结果是_____。

```
#include<stdio.h>
```

```
int main()
{
    int a=20,b=024;
    printf("%d%d\n",a,b);
    return 0;
}
```

答案：2020

解析：024 表示八进制数 24，即十进制数 20，因此输出 2020。

【试题 6】以下选项中可用作 C 程序合法实数的是_____。

　　A．.1e0　　　　　　　B．3.0e0.2　　　　　C．E9　　　　　　　D．9.12E

答案：A

解析：实型常量有十进制小数形式和指数形式两种。指数形式要求字母 e（或者 E）前后必须有数字，且 e 后面的指数必须为整数。所以选项 B、C、D 均是不合法的指数形式。

【试题 7】下列形式中不合法的常量是_____。

　　A．2.E8　　　　　　　B．-.28　　　　　　C．-028　　　　　　D．2e-8

答案：C

解析：选项 C 中，以数字 0 开头的常量表示的是八进制整型常量，但是八进制的数字只能用 0～7 表示，不应该出现 8。

【试题 8】以下选项中非法的字符常量是_____。

　　A．'\102'　　　　　　B．'65'　　　　　　C．'\xff'　　　　　　D．'\019'

答案：D

解析：'\019'使用八进制表示，不应该出现 9，因此选项 D 是错误的。

【试题 9】有以下程序（说明：字符 0 的 ASCII 码值为 48）：

```
#include<stdio.h>
int main()
{
    char c1,c2;
    scanf("%d",&c1);
    c2=c1+9;
    printf("%c%c\n",c1,c2);
    return 0;
}
```

若程序运行时从键盘输入 48<回车>，则输出结果为_____。

答案：09

解析：字符'0'的 ASCII 码值为 48，因此 ASCII 码值 48 +9 所对应的字符为'9'。

【试题 10】以下选项中表示一个合法常量的是（说明：符号□表示空格）_____。

　　A．9□9□9　　　　　　B．0Xab　　　　　　C．123E0.2　　　　　D．2.7e

答案：B

解析：本题主要考查整型常量和实型常量的表示方法。整型常量不能含有空格，故选项 A 是错误的；0Xab 是整型常量的十六进制表示，故选项 B 是正确的；指数形式实型常量的阶码（指数部分）必须为整数，故选项 C 是错误的；指数形式实型常量要求字母 e（或者 E）前后必须有数字，故选项 D 是错误的。

【试题 11】以下选项中能用作数值常量的是_____。

    A．o115   B．0118   C．1.5e1.5   D．115L

答案：D

解析：本题主要考查整型常量和实型常量的表示方法。八进制整数常量以数字 0 开始，选项 A 中是以字母 o 开始，故选项 A 是错误的；八进制数的有效数字为 0~7，不含 8，故选项 B 是错误的；指数形式实型常量的阶码（指数部分）必须为整数，故选项 C 是错误的；115L 是长整型常量的正确表示，故选项 D 是正确的。

【试题 12】以下选项中能表示合法常量的是_____。

    A．整数：1,200   B．实数：1.5E2.0

    C．字符斜杠：'\\'   D．字符串"\007"

答案：D

解析：本题主要考查整型常量、实型常量、字符常量和字符串常量的表示方法，以及转义字符的相关知识。整数常量只能用 0~9 表示，不能含有逗号 "，"，故选项 A 是错误的；指数形式的实型常量，阶码（指数部分）必须为整数，故选项 B 是错误的；字符常量中反斜杠 "\" 开始的是转义字符，不可以只有一个反斜杠，故选项 C 是错误的，反斜杠的正确表示方法是'\\'；"\007"是正确的字符串常量，第一个字符为转义字符'\0'，故选项 D 是正确的。

【试题 13】以下选项中正确的定义语句是_____。

    A．double a; b;   B．double a=b=7;

    C．double a=7, b=7;   D．double, a, b;

答案：C

解析：定义同一类型的变量时，不同变量之间用 "，" 分隔，a 和 b 之间用分号分隔是错误的，分号是语句结束标志，故选项 A 是错误的；定义变量的同时为变量初始化赋值时不能用赋值表达式 "a=b"，故选项 B 错误；选项 D 中在 double 和 a 之间多了一个逗号，变量类型说明后面不应用逗号，应该用空格分隔，故选项 D 是错误的。

【试题 14】若函数中有定义语句：int k; 则_____。

    A．系统将自动给 k 赋初值 0   B．这时 k 中的值无定义

    C．系统将自动给 k 赋初值-1   D．这时 k 中无任何值

答案：B

解析：函数中的变量 k 如果在定义时没有初始化，则其值是一个不确定的无意义的值。

【试题 15】若有定义语句：int x = 12,y = 8,z; 在其后执行语句 z = 0.9 + x / y; 则 z 的值为_____。

    A．1.9   B．1   C．2   D．2.4

答案：B

解析：本题主要考查算术运算符的使用、算术运算符的优先级以及类型转换的知识。根据优先级先计算 x/y 即 12/8；由于 x、y 是整型，故 x/y 的值为 1；接着计算 0.9+1=1.9；由于 z 定义为整型，赋值时进行类型转换，1.9 转换为 1（小数点后面的值舍去，不做四舍五入）。

【试题 16】设变量 x 为 long int 型并已正确赋值，以下表达式中能将 x 百位上的数字提取出的是_____。

    A．x/10%100   B．x%10/100   C．x%100/10   D．x/100%10

答案：D

解析：本题主要考查整数除法、求余运算和算术运算符的结合性。"x/100"是将原来 x 的个位和十位上的数字舍去。将"x/100"的结果"%10"可以得到原来 x 百位上的数字。

【试题 17】若有定义：double a=22; int i=0, k=18;，则不符合 C 语言规定的赋值表达式是_____。

　　A．a=a++, i++　　　　　　　　　B．i=(a+k)<=(i+k)

　　C．i=a%11　　　　　　　　　　 D．i=!a

答案：C

解析：在 C 语言的算术运算符中，求余运算符"%"左右两侧的两个运算数必须是整数，所以选项 C 是错误的。

【试题 18】若变量已正确定义并赋值，则错误的赋值语句是_____。

　　A．a+=a+1;　　　　　　　　　　B．a=sizeof(double);

　　C．a=d||c;　　　　　　　　　　 D．a+1=a;

答案：D

解析："a+1=a"相当于"(a+1)=a"，左边不是变量，不能构成赋值表达式，故选项 D 是错误的。

【试题 19】设变量 a 和 b 已正确定义并赋初值，与"a-=a+b"等价的赋值表达式为_____。

答案：a=-b

解析："+"的优先级高于复合赋值运算符"-="，"a-=a+b"相当于"a-=(a+b)"，进而可知"a=a-(a+b)"相当于"a=-b"。

【试题 20】有以下程序：

```
#include<stdio.h>
int main()
{
    int a=0,b=0,c=0;
    c=(a-=a-5);(a=b,b+=4);
    printf("%d,%d,%d\n",a,b,c);
    return 0;
}
```

程序运行后的输出结果是_____。

　　A．0,4,5　　　　　B．4,4,5　　　　　C．4,4,4　　　　　D．0,0,0

答案：A

解析：本题主要考查复合赋值运算符的优先级和逗号表达式的知识。复合赋值运算符"-="的优先级低于减法运算符"-"，"a-=a-5"相当于"a=a-(a-5)"；求解表达式"a=a-(a-5)"后，a 的值为 5；将 a 的值 5 赋给变量 c，c 的值也为 5；求解逗号表达式"a=b,b+=4"：首先执行"a=b"，把 b 的值 0 赋给 a，此时 a 的值为 0，然后执行"b+=4"，使得 b 的值为 4；输出 a、b、c 的值。

【试题 21】有以下程序：

```
#include<stdio.h>
int main()
{
    int x=011;
```

```
        printf("%d\n",++x);
        return 0;
    }
```

程序运行后的输出结果是＿＿＿＿。

  A. 12　　　　　B. 11　　　　　C. 10　　　　　D. 9

答案： C

解析： 011 为八进制整型常量，值为 9。++在变量 x 之前，先做加 1 运算，x 的值为 10，然后输出 x 的值。

【试题 22】 设变量均已正确定义并赋值，以下与其他三组输出结构不同的一组语句是＿＿＿＿。

  A. x++; printf("%d\n",x);　　　　　B. n = ++ x; printf("%d\n",n);

  C. ++x; printf("%d\n",x);　　　　　D. n = x++; printf("%d\n",n);

答案： D

解析： "++x" 表示先将 x 值加 1 后再使用，"x++" 表示先使用 x 值，然后再加 1。本题中，A、B、C 选项都会输出 "x 原值+1"，D 选项输出 "x 原值"。

【试题 23】 以下程序运行后的输出结果是＿＿＿＿。

```
#include<stdio.h>
int main()
{
    int a;
    a=(int)((double)(3/2)+0.5+(int)1.99*2);
    printf("%d\n",a) ;
    return 0;
}
```

答案： 3

解析： 本题主要考查强制类型转换。因为 3 和 2 都是整型数，所以 3/2=1，(double)(3/2)=1.0，(int)1.99 * 2=1*2=2，可求出 a = (int)(1.0 +0.5 +2)= int(3.5)=3。

【试题 24】 若有定义语句：int x=10;，则表达式 x-=x +x 的值为＿＿＿＿。

  A. -20　　　　　B. -10　　　　　C. 0　　　　　D. 10

答案： B

解析： 本题主要考查运算符的优先级。运算符 "+" 的优先级高于运算符 "-="，先做 x +x，结果为 20，再做 x -=20，结果为-10，赋值给 x。

【试题 25】 设 x、y、z 均为实型变量，代数式 x / (y×z) 在 C 语言中的正确写法是＿＿＿＿。

  A. x / y * z　　　　　B. x % y % z

  C. x / y / z　　　　　D. x * z / y

答案： C

解析： 运算符*、/的结合顺序是从左到右，所以 x / y / z 先执行 x 除以 y，再将 x / y 的结果除以 z，与代数式 x / (y×z)运算相同。

【试题 26】 有以下程序：

```
#include<stdio.h>
int main()
```

```
    {
        int a=2,b;
        b=a<<2;
        printf("%d\n",b);
        return 0;
    }
```

程序运行后的输出结果是_____。

  A. 2   B. 4   C. 6   D. 8

答案：D

解析：本题主要考查按位左移运算符的应用。a 的初始值为 2，程序中将 a 左移 2 位，即相当于 a 乘以 4，结果为 8。

【试题 27】若有定义语句：int b=2;，则表达式(b<<2) /(3 ∥ b)的值是_____。

  A. 4   B. 8   C. 0   D. 2

答案：B

解析：本题主要考查按位左移运算符的应用。表达式 "b<<2" 即 b 左移 2 位，相当于 b 乘以 4，值为 8；表达式 "3 ∥ b" 的值是 1；表达式 "(b<<2) /(3 ∥ b)" 相当于 "8/1"，值为 8。

【试题 28】有以下程序：

```
#include<stdio.h>
int main()
{
    int a=2,b=2,c=2;
    printf("%d\n",a/b&c);
    return 0;
}
```

程序运行后的结果是_____。

  A. 0   B. 1   C. 2   D. 3

答案：A

解析：本题主要考查 "按位与" 运算符的应用。运算符 "/" 的优先级高于运算符 "&"，所以 "a/b & c" 相当于 "(a/b) & c"。a / b = 1。1 & c，换算为二进制进行运算：00000001 & 00000010 = 00000000 = 0。

【试题 29】变量 a 中的数据用二进制表示的形式是 01011101，变量 b 中的数据用二进制表示的形式是 11110000。若要求将 a 的高 4 位取反，低 4 位不变，所要执行的运算是_____。

  A. a^b   B. a|b   C. a&b   D. a<<4

答案：A

解析：本题主要考查 "按位异或" 运算符的应用。选项 A 中，"^" 表示异或运算，01011101^11110000 结果为 10101101，即高 4 位取反，低 4 位不变；选项 B 中，"|" 表示或运算，01011101|11110000 结果为 11111101；选项 C 中，"&" 表示按位与，01011101&11110000 结果为 01010000；选项 D 中，"<<" 表示左移，01011101<<4 结果为 11010000。

【试题 30】有以下程序：

```
#include<stdio.h>
int main
```

```
{
    int a=5,b=1,t;
    t=(a<<2)|b;
    printf("%d\n",t);
    return 0;
}
```

程序运行后的输出结果是_____。

A. 21   B. 11   C. 6   D. 1

答案：A

解析：本题主要考查"按位或"和"按位左移"运算符的应用。执行表达式"a<<2"，a左移2位，相当于a乘以4，结果为20。"20 | b"的结果为21。

 习题

扫码查看答案

一、选择题

1. C源程序中不能表示的数制是（　　）。

 A. 二进制   B. 八进制   C. 十进制   D. 十六进制

2. 下列不是C语言字符型常量或字符串常量的是（　　）。

 A. "It's"   B. "0"   C. 'a=0'   D. '\010'

3. 下列不是C语言整型常量的是（　　）。

 A. 02   B. 0   C. 038   D. 0XAL

4. 以下选项中不能用作C程序合法常量的是（　　）

 A. 1,234   B. '\123'   C. 123   D. "\X7G"

5. 下列选项中属于C语言合法变量名的是（　　）。

 A. 7c   B. _00   C. a-2   D. #1a

6. 以下选项中不能作为C语言合法常量的是（　　）。

 A. 'cd'   B. 0.1e+6   C. "a"   D. '\011'

7. 以下选项中可用作C程序合法实数的是（　　）。

 A. .1e0   B. 3.0e0.2 C. E9   D. 9.12E

8. 下列叙述中正确的是（　　）。

 A. C语言的赋值运算符是优先级最高的运算符

 B. C程序由主函数组成

 C. 求余运算符的运算对象只能是整型数

 D. 在程序中一个变量的值是固定的，不能多次给一个变量赋值

9. 已知float x=2.5,y=4.7;int a=7,，则算术表达式x+a%3*(int)(x+y)%2/4的值为（　　）。

 A. 5   B. 3.5   C. 2.5   D. 1

10. 若有定义语句：int a=3,b=2,c =1;，以下选项中错误的赋值表达式是（　　）。

 A. a =（b = 4）= 3;   B. a = b = c + 1;

 C. a =（b = 4）+ c;   D. a = 1+（b = c = 4）;

11. 表达式 a+ =a -= a=9 的值是（   ）。

    A．9   B．-9   C．18   D．0

12. 设有定义：int x =2;，以下表达式中值不为 6 的是（   ）。

    A．x * = x + 1   B．x++, 2 * x   C．x * = (1 + x)   D．2 * x , x += 2

13. 若有定义语句：int a =10; double b=3.14;，则表达式'A' + a + b 值的类型是（   ）。

    A．char   B．int   C．double   D．float

14. 下列定义变量的语句中错误的是（   ）。

    A．int _int;   B．double int_;   C．char For;   D．float US$;

15. 有以下程序：

```
int main()
{
    int x,y,z;
    x=y=1;
    z=x++,y++,++y;
    printf("%d,%d,%d\n",x,y,z);
    return 0;
}
```

程序运行后的输出结果是（   ）。

    A．2,3,3   B．2,3,2   C．2,3,1   D．2,2,1

16. 若变量 x、y 已正确定义并赋值，以下符合 C 语言语法的表达式是（   ）。

    A．++x,y=x--   B．x+1=y   C．x=x+10=x+y   D．double(x)/10

17. 下列程序段的运行结果是（   ）。

```
int m=32767,n=032767;   //n 所赋的值是八进制数
printf("%d,%o\n",m,n);
```

    A．32767,32767   B．32767,032767

    C．32767,77777   D．32767,077777

18. -8 作为 short 型数据，在内存中的表示形式为（   ）。

    A．0000 0000 0000 1000   B．1000 0000 0000 0000

    C．1111 1111 1111 0111   D．1111 1111 1111 1000

19. 下列程序段的运行结果是（   ）。

```
char a=4;
printf("%d\n",a=a<<1);
```

    A．40   B．16   C．8   D．4

20. 变量 a 中的数据用二进制表示的形式是 01011101，变量 b 中的数据用二进制表示的形式是 11110000，若要求将 a 的高 4 位取反，低 4 位不变，所要执行的运算是（   ）。

    A．a^b   B．a|b   C．a&b   D．a<<4

21. 下列程序段的运行结果是（   ）。

```
int a=37;
a+=a%=9;
printf("%d\n",a);
```

    A．37   B．9   C．2   D．38

22. 下列程序段的运行结果是（　　）。

```
int a,b,c=35;
a=c/10%9;
b=a&&(-1);
printf("a=%d,b=%d\n",a,b);
```

 A．a=3,b=1   B．a=3,b=0   C．a=5,b=1   D．a=5,b=0

23. 下列程序段的运行结果是（　　）。

```
float m,x=3.5,y=2.3;
int a=2,b=4;
m=(float)(a+b)/2+(int)x%(int)y;
printf("m=%f",m);
```

 A．m=4.000000   B．m=3.000000   C．m=4.0   D．m=3.0

24. 下列程序段的运行结果是（　　）。

```
#include"stdio.h"
int main()
{
    int a,b,c;
    a=10;b=20;
    c=(a%b<1)||(a/b>1);
    printf("a=%d b=%d c=%d\n",a,b,c);
    return 0;
}
```

 A．a=20 b=10 c=0   B．a=10 b=20 c=1

 C．a=10 b=20 c=0   D．a=20 b=10 c=1

25. 下列程序段的运行结果是（　　）。

```
int a=1,b=2,c=3,x;
x=(a^b)&c;
printf("%d\n",x);
```

 A．0   B．1   C．2   D．3

26. 下列程序段的运行结果是（　　）。

```
unsigned char a=2,b=4,c=5,d;
d=a|b;d&=c;printf("%d\n",d);
```

 A．3   B．4   C．5   D．6

27. 若变量已正确定义，则下列程序段的运行结果是（　　）。

```
s=32;s^=32;printf("%d",s);
```

 A．-1   B．0   C．1   D．32

28. 若要使程序的运行结果为248，应在下划线处填入（　　）。

```
#include<stdio.h>
int main()
{
    short c=124;
    c=c____;
    printf("%d\n",c);
}
```

A. >>2   B. |248   C. &0248   D. <<1

二、程序填空题

1. 下面程序的功能是根据 x1 和 x2 的值计算 x1*x1+x1*x2 的值，程序的输出结果是 "x1=5.000000，x2=3.000000，x1*x1+x1*x2=40.000000"。请在程序的下划线处填入正确的内容。

扫码查看答案

```
#include<stdio.h>
int main()
{
    double x1=5,x2=3,r;
    r _____;
    r +=_____;
    printf(_____);
    return 0;
}
```

2. 从键盘输入圆的面积，根据面积求圆的半径。请在程序的下划线处填入正确的内容。

```
#include"stdio.h"
#include _____
#define PI _____
int main()
{
    float s,r;
    _____;
    r=_____;
    printf("s=%f,r=%f",s,r);
    return 0;
}
```

3. 根据下面程序的输出结果在下划线处填入正确的内容。

```
s1=C,ASCII is 67
x=65535,y=1234567

#include"stdio.h"
int main()
{
    long int x=65535,y=1234567;
    char s1='C';
    printf(_____,s1,s1);
    printf(_____,x,y);
    return 0;
}
```

4. 根据下面程序的输出结果在下划线处填入正确的内容。

```
A,B
65,66
#include"stdio.h"
int main()
```

```
    {
        char a,_____;
        a=_____;
        b='b';
        a=a-32;
        b=b-_____;
        printf("%c,%c\n%d,%d\n",a,b,a,b);
        return 0;
    }
```

5．利用 scanf 函数依次为变量 i、j、x、y 输入数据，输入数据的格式如下（用字符'□'表示空格、'↙'表示回车）：

3,4↙

5□6↙

输出结果为：

x=5.000000,y=6.000000,i=3,j=4

请在下划线处填入正确的内容。

```
    #include"stdio.h"
    int main()
    {
        int i,j;
        float x,y;
        scanf("%d,%d",_____);
        scanf("____", &x,&y);
        printf("x=%f,y=%f,i=%d,j=%d",x,y,i,j);
        return 0;
    }
```

6．根据下面程序的输出结果在下划线处填入正确的内容。

PI=3.14□□□□r=□□□25.33

Area=2015.61

```
    #include"stdio.h"
    int main()
    {
        float pi=3.1415,r=25.33,area;
        area=pi*r*r;
        printf("_____",pi,r);
        printf("_____",area);
        return 0;
    }
```

7．下面程序的功能是不用第三个变量实现两个整数的交换操作，请在下划线处填入正确的内容。

```
    #include"stdio.h"
    int main()
    {
        int a,b;
```

```
    scanf("%d %d",&a,&b);
    printf("a=%d,b=%d\n",a,b);


    a=_____;
    b=_____;
    a=_____;
    printf("a=%d,b=%d\n",a,b);
    return 0;
}
```

三、程序设计题

扫码查看答案

1．编写一个程序，输入两个整数，求出它们的和、差、商和余数，并输出结果。要求输出的格式为：a+b=c，其中 a 和 b 为输入的两个整数，c 为计算的结果。

2．编程实现：输入自己的身高，输出自己的标准体重。标准体重的计算方法为：

男性：(身高 cm-80)×70%=标准体重

女性：(身高 cm-70)×60%=标准体重

输出结果保留 2 位小数。

3．编写程序，将从键盘输入的 3 个数 a、b、c 实现循环交换，即把 b 中的值传给 a，把 c 中的值传给 b，把 a 中的值传给 c。例如，如果键盘输入的是 a=1，b=2，c=3，则循环交换后 a=2，b=3，c=1。程序中将交换前后的 a、b、c 值显示出来。

4．编写一个程序，将一个小于 256 的十进制正整数转换成 8 位二进制形式并输出。

第4章 选择结构程序设计

✔ 经典试题解析

【试题1】 下列关系表达式中，结果为"假"的是_____。

    A. (3+4)>6   B. (3!=4)>2   C. 3<=4||3   D. (3<4)==1

答案： B

解析： 本题主要考查关系运算符和逻辑运算符的使用及其结合性。A 选项中先执行 3+4=7，7>6 的结果为真；B 选项中先执行 3!=4，结果为真，值为 1，1>2 的结果为假；C 选项中先执行 3<=4，结果为真，值为 1，再与 3 逻辑或，结果为真；D 选项中先执行 3<4，结果为真，值为 1，再执行 1==1，结果为真。

【试题2】 以下选项中，能表示逻辑值"假"的是_____。

    A. 1   B. 0.000001   C. 0   D. 100.0

答案： C

解析： 在 C 语言中非 0 的值表示真，0 表示假。

【试题3】 以下程序运行后的输出结果是_____。

```c
#include<stdio.h>
int main()
{
    int x=20 ;
    printf("%d",0<x<20);
    printf("%d\n",0<x&&x<20);
    return 0;
}
```

答案： 1 0

解析： 本题主要考查关系运算符和逻辑运算符的优先级与结合性。运算符<是左结合性，表达式"0<x<20"相当于"(0<x)<20"，"0<x"为真取值 1，"1<20"为真取值 1，表达式"0<x<20"的值为 1。运算符<的优先级高于运算符&&，表达式"0<x&&x <20"相当于"(0 <x)&&(x<20)"，0<x 值为 1，x <20 值为 0，1&&0 值为 0，表达式"(0 <x)&&(x <20)"的值为 0。

【试题4】 若有定义语句：int k1=10, k2=20 ;，执行表达式(k1=k1>k2)&&(k2=k2>k1)后，k1 和 k2 的值分别为_____。

    A. 0 和 1   B. 0 和 20   C. 10 和 1   D. 10 和 20

答案： B

解析： 本题主要考查逻辑表达式执行过程的相关知识。计算"k1=k1>k2"。由于"k2>k1"，故"k1>k2"的结果为 0。0 赋值给 k1，表达式"k1=k1>k2"的值为 0。由于 0 与任何值相"与"结果都是 0，故右边括号内的表达式不需要运算，即 k2 的值不变，仍为 20。

【试题5】有以下程序：

```
#include<stdio.h>
int main()
{
    int a=1,b=2,c=3,d=0;
    if(a==1 && b++==2)
        if(b!=2 || c--!=3)
            printf("%d,%d,%d\n",a,b,c);
        else  printf("%d,%d,%d\n",a,b,c);
    else  printf("%d,%d,%d\n",a,b,c);
    return 0;
}
```

程序运行后的输出结果是_____。

A. 1,2,3　　　　B. 1,3,2　　　　C. 1,3,3　　　　D. 3,2,1

答案：C

解析：本题主要考查逻辑表达式执行过程的相关知识。此题的关键是第二个 if 语句表达式"b!= 2||c--!=3"的求值过程。因为"b!=2"为真，所以"||"后面的运算忽略，不做"c--"操作，所以 c 的值不变，仍为 3。

【试题6】有以下程序：

```
#include<stdio.h>
int main()
{
    int a;
    scanf("%d",&a);
    if(a++<9)  printf("%d\n",a);
    else  printf("%d\n",a--);
    return 0;
}
```

程序运行时键盘输入 9<回车>，则输出的结果是_____。

A. 10　　　　B. 11　　　　C. 9　　　　　D. 8

答案：A

解析：if 语句判断条件中的 a 先使用后加 1，"a < 9"为假，值为 0，a 自增 1，a 的值为 10。执行 else 语句时先使用 a 后减 1，所以输出 10 后 a 的值减 1 变为 9。

【试题7】有以下程序：

```
#include<stdio.h>
int main()
{
    int i,j,k,a=5,b=6;
    i=(a==b)? ++a:--b;
    j=a++;
    k=b;
    printf("%d,%d,%d\n",i,j,k);
    return 0;
}
```

程序的运行结果是_____。

    A. 7,6,5   B. 5,5,5   C. 7,5,5   D. 5,6,5

答案：B

解析：条件表达式"(a == b)？++a : --b"先执行"a == b"，为假，则执行--b，b先减1再使用，b减1为5，即条件表达式"(a == b)？++a : --b"的值为5。将5赋值给i，i为5。"j = a++;"语句，a先使用再加1，即先将a的值5赋值给j，然后a加1，因此j为5。执行"k = b"语句，k为5。最后输出"5,5,5"。

【试题8】设有定义：int a=1, b=2, c=3;，以下语句中执行效果与其他3个不同的是_____。

    A. if(a > b) c=a, a=b, b=c;   B. if(a > b) {c=a, a=b, b=c;}

    C. if(a > b) c=a; a=b; b=c;   D. if(a > b) {c=a; a=b; b=c;}

答案：C

解析：本题主要考查 if 语句和逗号表达式语句的基本知识。选项 A 中，"c=a, a=b, b=c;"是一条逗号表达式语句，作为选择条件成立后执行的语句，因此当"a > b"条件成立时顺序执行"c=a""a=b""b=c"。选项 B 中，复合语句"{c=a, a=b, b=c;}"作为选择条件成立后执行的语句，因此当"a > b"条件成立时顺序执行"c=a""a=b""b=c"。选项 C 中，语句"c=a"作为选择条件成立后执行的语句，因此当"a > b"条件成立时执行"c=a"，而语句"a=b;"和"b=c;"与 if 语句无关，无论选择条件"a > b"是否成立都会执行。选项 D 中，复合语句"{ c=a; a=b; b=c;}"作为选择条件成立后执行的语句，因此当"a > b"条件成立时顺序执行"c=a""a=b""b=c"。即 C 选项与 A、B、D 选项不同。

【试题9】有表达式(w)？(-x) : (++y)，下列与 w 等价的表达式是_____。

    A. w == 1   B. w == 0   C. w != 1   D. w != 0

答案：D

解析：表达式 w 等价于 w != 0。

【试题10】以下程序段中，与语句 k=a>b ? (b > c?1:0) : 0;功能相同的是_____。

    A. if((a>b) && (b > c)) k=1; else k=0;

    B. if((a>b) || (b > c)) k=1; else k=0;

    C. if(a<=b) k = 0; else if(b > c) k=1;

    D. if(a>b) k = 1; else if(b <=c) k=1; else k=0;

答案：A

解析：本题主要考查条件运算符的优先级。表达式"k=a>b?(b>c?1:0):0"相当于"k=((a>b)?(b>c?1:0):0)"。表达式"(a>b)?(b>c?1:0):0"的计算：如果"a>b"为真，则计算表达式"(b>c?1:0)"，其结果作为表达式"(a>b)?(b>c?1:0):0"的值；如果"a>b"为假，则表达式"(a>b)?(b>c?1:0):0"的值为 0。

【试题11】if 语句的基本形式是：if(表达式)语句，以下关于"表达式"值的叙述中正确的是_____。

    A. 必须是逻辑值   B. 必须是整数值

    C. 必须是正数   D. 可以是任意合法的数值

答案：D

解析：本题主要考查作为 if 语句判断条件的表达式。if 语句中表达式可以为任意合法的数值。

【试题 12】 下列条件语句中，输出结果与其他语句不同的是_____。

　　A．if(a) printf("%d\n", x); 　else printf("%d\n", y);

　　B．if(a == 0) printf("%d\n", y); 　else printf("%d\n", x);

　　C．if(a != 0) printf("%d\n", x); 　else printf("%d\n", y);

　　D．if(a == 0) printf("%d\n", x); 　else printf("%d\n", y);

答案： D

解析： 本题主要考查 if 语句。选项 A 中，如果 a 不等于 0 输出 x，否则输出 y。选项 B 中，如果 a 的值为 0 输出 y，否则输出 x。选项 C 中，如果 a 不等于 0 输出 x，否则输出 y。选项 D 中，如果 a 的值为 0 输出 x，否则输出 y。由以上分析可知，D 选项与其他三项不同。

【试题 13】 有以下程序：

```
#include<stdio.h>
int main()
{
    int x;
    scanf("%d",&x);
    if(x>15)  printf("%d",x-5);
    if(x>10)  printf("%d",x);
    if(x>5)   printf("%d\n",x+5);
    return 0;
}
```

若程序运行时从键盘输入 12<回车>，则输出结果为_____。

答案： 1217

解析： 本题主要考查 if 语句。程序中是 3 个独立的 if 语句。从键盘输入 12，if 语句执行情况：因为 12>15 不成立，所以第一个 if 语句不执行；因为 12>10 成立，所以执行第二个 if 语句输出 12；因为 12>5 成立，所以执行第三个 if 语句输出 17。故输出结果为 1217。

【试题 14】 有以下程序：

```
#include<stdio.h>
int main()
{
    int x;
    scanf("%d",&x);
    if(x<=3);
    else if(x!=10)
       printf("%d\n",x);
    return 0;
}
```

程序运行时，输入值的范围为_____，才会有输出结果。

　　A．不等于 10 的整数　　　　　　　B．大于 3 且不等 10 的整数

　　C．大于 3 或等于 10 的整数　　　　D．小于 3 的整数

答案： B

解析： 本题主要考查 "if…else…if" 形式的 if 语句。"if…else…if" 形式中，else 是与它上

面的 if 相匹配。只有当第一个 if 的表达式为假（非零值）才执行 else 语句，也就是说只有当 x 大于 3 时才执行 else 语句。

【试题 15】有以下程序：

```
int a,b,c;
a=10;b=50;c=30;
if(a>b)  a=b,b=c;c=a;
printf("a=%d b=%d c=%d",a,b,c);
```

程序的输出结果是_____。

A．a=10 b=50 c=10　　　　　　　B．a=10 b=50 c=30
C．a=10 b=30 c=10　　　　　　　D．a=10 b=30 c=50

答案：A

解析：本题主要考查 if 语句的基本概念。本题是一道陷阱题，关键是对语句基本概念的理解。if 语句条件成立后仅执行一条语句。本题中"a= b,b=c;"是一条逗号表达式语句，该语句作为 if 语句条件成立后执行的语句。本题中"c=a;"是一条赋值表达式语句，该语句与 if 语句无关，是一条独立的语句。很多考生会以为"c=a;"也是 if 语句的一部分，这是错误的。本题 if 语句条件不成立，所以不会执行"a=b,b=c;"语句，而"c=a;"语句会执行（与条件是否成立无关）。

【试题 16】有以下程序：

```
#include<stdio.h>
int main()
{
    int a=1,b=2,c=3,d=0;
    if(a==1)
       if(b!=2)
          if(c!=3)  d=1;
          else d=2;
       else
          if(c!=3)  d=3;
          else d=4;
    else d=5;
    printf("%d\n",d);
    return 0;
}
```

程序运行后的输出结果是_____。

答案：4

解析：本题主要考查 if 语句的嵌套使用和 else 配对原则。这是 if 语句的嵌套使用，需要注意，if 语句的嵌套中，else 部分总是与前面最靠近的还没有配对的 if 配对。根据 if 语句中的判断条件，逐个分析，不难得出 d 的结果为 4。

【试题 17】有以下程序：

```
#include<stdio.h>
int main()
{
```

```
int a=1,b=0;
if(--a)  b++;
else
    if(a==0)  b+=2;
    else  b+=3;
printf("%d\n",b);
return 0;
}
```

程序运行后的输出结果是_____。

A. 0   B. 1   C. 2   D. 3

答案：C

解析：本题主要考查"if…else…if"形式的if语句。"--a"先做减1运算再作为判断条件。减1运算后a为0。if判断条件为假，执行对应的else部分。"if(a == 0)"条件成立，执行"b+=2;"。

【试题18】以下选项中与if(a == 1) a=b; else a++;语句功能不同的switch语句是_____。

A. switch(a)

    {

        case 1: a=b; break;

        default : a++;

    }

B. switch(a == 1)

    {

        case 0 : a=b; break;

        case 1 : a++;

    }

C. switch(a)

    {

        default :a++; break;

        case 1: a=b;

    }

D. switch(a == 1)

    {

        case 1: a=b; break;

        case 0: a++;

    }

答案：B

解析：本题主要考查switch语句。在switch语句的执行过程中，执行完case后面的语句后，如果遇到break语句就跳出switch语句，否则将继续执行下一个case中的语句，直到遇到break语句或者switch语句的结束符"}"。switch语句中的表达式如果是逻辑表达式，那么将根据逻辑表达式的值是"假"还是"真"而分别执行"case 0"或"case 1"中的语句。可以看出选项B的功能与题目中语句的功能不同。

【试题19】设x、y、t均为int型变量，则执行语句：x=y=3;t=++x||++y;后，y的值为_____。

A. 不定值   B. 4   C. 3   D. 1

答案：C

解析：x的初始值为3，执行++x后，x自增为4，++x||++y为逻辑或，左边的值为4，非零，C语言中非零为"真"，"真"用1表示；左边的值为1，整个表达式的结果就为1，右边的++y将不会被执行，所以y的值不变。

【试题20】设a、b、c、d、m、n均为int型变量，且a=5、b=6、c=7、d=8、m=2、n=2，逻辑表达式(m=a>b)&&(n=c>d)运算后，n的值是_____。

A. 0   B. 1   C. 2   D. 3

答案： C

解析： a 的值为 5，b 的值为 6，执行 a>b，结果为假，m 的值被重新赋值为 0，由于是&&逻辑与运算，左边的为假，整个表达式的结果就为 0，不对右边的表达式进行计算，所以 n 的值不变。

 习题

扫码查看答案

一、选择题

1．以下关于运算符优先级的描述中，正确的是（　　）。

A．！（逻辑非）>算术运算>关系运算>&&（逻辑与）>||（逻辑或）>赋值运算

B．&&（逻辑与）>算术运算>关系运算>赋值运算

C．关系运算>算术运算>&&（逻辑与）>||（逻辑或）>赋值运算

D．赋值运算>算术运算>关系运算>&&（逻辑与）>||（逻辑或）

2．能正确表示逻辑关系"a>10 或 a<0"的 C 语言表达式是（　　）。

A．a>10 or a<0　　　　　　　　　　B．a>=0 | a<10

C．a>10 && a<0　　　　　　　　　　D．a>10 || a<0

3．以下与数学表达式"0<x<5 且 x≠2"不等价的 C 语言逻辑表达式是（　　）。

A．(0<x<5)&&(x!=2)　　　　　　　　B．0<x&&x<5&&x!=2

C．x>0&&x<5&&x!=2　　　　　　　　D．(x>0&&x<2)||(x>2&&x<5)

4．若有定义 int x,y;并已正确给变量赋值，则以下选项中与表达式(x-y)?(x++) : (y++)中的条件表达式(x-y)等价的是（　　）。

A．(x-y>0)　　　B．(x-y<0)　　　C．(x-y<0||x-y>0)　　　D．(x-y==0)

5．以下关于逻辑运算符两侧运算对象的叙述中正确的是（　　）。

A．只能是整数 0 或 1　　　　　　　　B．只能是整数 0 或非 0 整数

C．可以是结构体类型的数据　　　　　D．可以是任意合法的表达式

6．若变量 c 为 char 型，下列选项中能正确判断出 c 为数字字符的表达式是（　　）。

A．'0'<=c<='9'　　　　　　　　　　B．c>='0'&&c<='9'

C．c>="0"&&c<="9"　　　　　　　　D．c>='0'&c<='9'

7．若有定义：int a=1, b=2, c=3;，则执行表达式(a=b+c)||(++b)后 a、b、c 的值依次为（　　）。

A．1,2,3　　　B．5,3,2　　　C．5,2,3　　　D．5,3,3

8．C 语言对于嵌套的 if 语句规定 else 总是（　　）匹配。

A．与最外层的 if　　　　　　　　　　B．与之前最近的且未配对的 if

C．与之前最近的不带 else 的 if　　　　D．与最近的{}之前的 if

9．若有定义：float x=1.5;int a=1,b=3,c=2;，则正确的 switch 语句是（　　）。

A．switch(x)　　　　　　　　　　　B．switch((int)x);
　　{　　　　　　　　　　　　　　　　{
　　　　case 1.0:printf("*\n");　　　　　case 1:printf("*\n");
　　　　case 2.0:printf("**\n");　　　　　case 2:printf("**\n");

```
        }                                    }
C.  switch(a+b)                      D.  switch(a+b)
    {                                    {
        case 1: printf("*\n");               case 1:printf("*\n");
        case 2+1:printf("**\n");             case c:printf("**\n");
    }                                    }
```

10. 若变量已正确定义，在 if(W) printf("%d\n",k);中，以下不可替代 W 的是（   ）。

    A. a<>b+c   B. c=getchar()

    C. a == b+c   D. a++

11. 若 a 是数值类型，则逻辑表达式(a ==1) || (a !=1)的值是（   ）。

    A. 1   B. 0

    C. 2   D. 不知道 a 的值，不能确定

12. 当 c 的值不为 0 时，在下列选项中能正确将 c 的值赋给变量 a、b 的是（   ）。

    A. c=b=a   B. (a=c)||(b=c)   C. (a=c)&&(b=c)   D. a=c=b

13. 设 int x=2,y=1;，表达式(!x||y--)的值是（   ）。

    A. -2   B. 1   C. 2   D. -1

14. 以下程序的输出结果为（   ）。

```
#include<stdio.h>
int main()
{
    int a=-1,b=4,k;
    k=(a++<=0)&&(!(b--<=0));
    printf("%d  %d  %d",k,a,b);
    return 0;
}
```

    A. 0 0 3   B. 0 1 2   C. 1 0 3   D. 1 1 2

15. 语句 printf("%d",(a=3)&&(b= -3));的输出结果为（   ）。

    A. 无输出   B. 不确定   C. 1   D. -1

16. 以下程序的输出结果为（   ）。

```
#include<stdio.h>
int main()
{
    int a=3,b=4,c=6,d;
    d=a>b?a>c?a:c++:b;
    printf("%d,%d\n",c,d);
    return 0;
}
```

    A. 5,6   B. 6,7   C. 7,4   D. 6,4

17. 执行以下程序段后，w 的值为（   ）。

```
int w='A',x=14,y=15;
w=((x||y)&&(w<'a'));
```

    A. -1   B. NULL   C. 1   D. 0

18. 有如下嵌套的 if 语句：

```
if(a<b)
    if(a<c)  k=a;
    else  k=c;
else
    if(b<c)  k=b;
    else  k=c;
```

以下选项中与上述 if 语句等价的语句是 (　　)。

    A．k=(a<b) ? a:b;k=(b<c)?b:c;

    B．k=(a<b) ? ((b<c)?a:b):((b<c)?b:c);

    C．k =(a<b) ? ((a<c)?a:c):((b<c)?b:c);

    D．k =(a<b) ? a:b;k=(a<c)?a:c

19. 以下程序的输出结果是 (　　)。

```
#include<stdio.h>
int main()
{
    int a=1,b=0;
    if(!a)  b++;
    else
        if(a==0)
            if(a)  b+=2;
            else  b+=3;
    printf("%d\n",b);
    return 0;
}
```

    A．0   B．1   C．2   D．3

20. 以下程序的输出结果是 (　　)。

```
#include<stdio.h>
int main()
{
    int a=0,b=0,c=0,x=35;
    if(!a)  x--;
    else if(b);
      if(c)  x=3;
      else  x=4;
    printf("%d",x);
    return 0;
}
```

    A．34   B．4   C．35   D．3

21. 下列程序的运行结果是 (　　)。

```
#include<stdio.h>
int main()
{
    int x=1,y=2,z=3;
```

```
    if(x<y)
      if(y<z) printf("%d",++z);
      else printf("%d",++y);
    printf("%d\n",x++);
    return 0;
}
```
   A. 41　　　　　 B. 4　　　　　 C. 1　　　　　 D. 31
22. 下列程序的运行结果是（　　）。
```
#include<stdio.h>
int main()
{
    int a=16,b=21,m=0;
    switch(a%3)
    {
        case 0:m++;break;
        case 1:m++;
            switch(b%2)
            {
                default:m++;
                case 0:m++;break;
            }
    }
    printf("%d",m);
    return 0;
}
```
   A. 1　　　　　 B. 3　　　　　 C. 2　　　　　 D. 4
23. 若从键盘输入 C（大写字母），则下列程序的运行结果是（　　）。
```
#include<stdio.h>
int main()
{
    char class;
    class=getchar();
    switch(class)
    {
        case 'A':printf("GREAT!");
        case 'B':printf("GOOD!");
        case 'C':printf("OK!");
        case 'D':printf("NO!");
        default:printf("ERROR!");
    }
    return 0;
}
```
   A. OK!NO!ERROR!　　　　　　　　 B. OK!
   C. GREAT!GOOD!OK!NO!ERROR!　　 D. ERROR!

24. 下列程序的运行结果是（   ）。

```
#include<stdio.h>
int main()
{
    int a=2,b=3,c=4;
    c=a;
    if(a>b)c=1;
    else if(a==b)  c=0;
        else  c=-1;
    printf("%d\n",c);
    return 0;
}
```

A. 1   B. 0   C. 4   D. -1

25. 下列程序的运行结果是（   ）。

```
#include<stdio.h>
int main()
{
    int x;
    x=5;
    if(++x>5)  printf("x=%d",x);
    else  printf("x=%d",x--);
    return 0;
}
```

A. x=5   B. x=4   C. x=6   D. x=7

26. 下列程序的运行结果是（   ）。

```
#include<stdio.h>
int main()
{
    int x=1,y=1,z=1;
    y=y+z;x=x+y;
    printf("%d",x<y?y:x);
    printf("%d",x<y?x++:y++);
    printf("%d",x);
    printf("%d",y);
    return 0;
}
```

A. 3233   B. 2233   C. 3332   D. 3232

27. 下列程序的运行结果是（   ）。

```
#include<stdio.h>
int main()
{
    int x,y,z;
    x=3;y=z=4;
    printf("%d",(x*y==x)?1:0);
    printf("%d",z>=y&&y>x);
    return 0;
}
```

A. 10   B. 01   C. 00   D. 11

二、程序填空题

1. 程序的功能是输出两个整数 a 和 b 中的大者（a 不等于 b），请在下划线处填入正确的内容。

```
#include"stdio.h"

int main()
{
    int a,b,c;
    scanf("%d%d",&a,&b);
    c=_____;
    printf("Max is %d",c);
    return 0;
}
```

扫码查看答案

2. 输入 a 的值，如果 a 为偶数，输出"YES"，否则输出"NO"，请在程序的下划线处填入正确的内容。

```
#include<stdio.h>
int main()
{
    int a=1;
    scanf("%d",&a);
    _____
        printf("YES");
    _____
        printf("NO");
    return 0;
}
```

三、程序设计题

1. 编写一个程序，找出 4 个整数中的最大值。

2. 设计简单的飞机行李托运计费系统。假设飞机上个人托运行李的条件：行李重量在 20kg 以下免费托运；20kg~30kg 超出 20kg 的部分 30 元/kg；30kg~40kg 超出 30kg 的部分 40 元/kg；40kg~50kg 超出 40kg 的部分 50 元/kg；50kg 以上不允许携带。

扫码查看答案

3. 编写程序实现"剪刀、石头、布"游戏。在这个游戏中，两个人同时说出"剪刀""石头""布"中的任意一项，压过另一方的为胜者。规则："布"胜过"石头"，"石头"胜过"剪刀"，"剪刀"胜过"布"。

4. 编写一个自动售货机程序。该程序应具有如下功能：有二级菜单，一级菜单是商品类型的选择，二级菜单是具体商品的选择（商品价格和品种可以自拟）。顾客先选择商品的类型，然后选择具体商品，输入购买数量。自动售货机根据选择的商品和输入的数量计算并显示所选商品的总金额。

第 5 章　循环结构程序设计

✔经典试题解析

【试题 1】执行语句"for(i=1;i++<4;);"后，变量 i 的值是_____。

　　A．3　　　　　　　B．4　　　　　　　C．5　　　　　　　D．不确定

答案：C

解析：根据控制条件 i++<4，当 i=3 时条件成立，i++的值立即自增变成 4，而 i++<4 为假，不执行循环，但变量 i 的值还要自增变为 5。

【试题 2】有以下程序段，循环执行的次数是_____。

```
int k=0;
while(k=1)
    k++;
```

　　A．无限次　　　　　B．有语法错误　　C．一次也不执行　　D．执行一次

答案：A

解析：对于循环条件 k=1，是赋值语句，而且所赋的值为非零，所以循环条件为真，将无限次地循环下去。

【试题 3】有如下程序，该程序的执行结果是_____。

```
#include<stdio.h>
int main()
{
    int i,sum;
    for(i=1;i<=3;sum++)
    {
        sum+=i;
    }
    printf("%d",sum);
    return 0;
}
```

　　A．6　　　　　　　B．3　　　　　　　C．死循环　　　　　D．0

答案：C

解析：对于 for(i=1;i<=3;sum++)条件，没有改变循环变量 i 的语句，i<=3 永远为真，会造成循环无限制地执行下去。

【试题 4】以下不构成无限循环的语句或者语句组是_____。

　　A．n = 0;　　　　　　　　　　　B．n = 0;

　　　　do { ++n;}　　　　　　　　　　while(1)

　　　　while(n <= 0);　　　　　　　　　{ n++;}

　　C．n = 10;　　　　　　　　　　D．for(n = 0, i = 1; ; i++)

```
      while(n);                              { n--;}
        n += i;
```

答案：A

解析：本题主要考查 while 语句、do-while 语句和 for 语句的掌握情况。选项 A 中为 do-while 循环语句，首先执行 do 后面的语句"++n;"，此时 n=1，while 循环条件表达式为假，循环结束。选项 B 中，while 循环条件表达式的值始终为 1，条件为真，构成无限循环。选项 C 中，"while(n);"语句，循环体为空语句，n 的值在循环中一直保持不变，构成无限循环。选项 D 中，for 语句中的 3 个表达式，第 1 个表达式给 n 和 i 赋值，第 2 个表达式是循环条件表达式，此表达式为空，永远为真，构成无限循环。

【试题 5】有以下程序，该程序的执行结果是_____。

```c
#include<stdio.h>
int main()
{
    int x=23;
    do
    {
        printf("%d\n",x--);
    }while(!x);

    return 0;
}
```

　A．321　　　　　　B．23　　　　　　C．不输出　　　　　　D．死循环

答案：B

解析：对于 do-while(!x);，无论初始值如何都要执行循环体 printf("%d\n",x--);，输出结果为 23，这时 x 自减为 22，对于循环条件!x 为假，这时结束循环。

【试题 6】有以下程序：

```c
#include<stdio.h>
int main()
{
    int a=-2,b=0;
    while(a++&&++b);
      printf("%d,%d\n",a,b);
    return 0;
}
```

程序运行后的输出结果是_____。

　A．1,3　　　　　　B．0,2　　　　　　C．0,3　　　　　　D．1,2

答案：D

解析：本题主要考查 while 循环语句中循环条件表达式的使用情况。while 循环语句首先执行循环条件表达式"a++&&++b"。第 1 次执行循环条件表达式，计算"a++"，a 的初始值为-2，因此 a++为-2，a 为-1；计算"++b"，b 的初始值为 0，因此++b 为 1，b 为 1。循环体为空语句。第 2 次执行循环条件表达式，a++为-1，a 为 0；++b 为 2，b 为 2。第 3 次执行循环条件表达式，a++为 0，a 为 1，此时已经可以判断"a++ && ++b"的值为 0，即为假，循环结束，所以"++b"这个表达式并没有计算。循环结束后输出 a 和 b 的值，分别为 1 和 2。

【试题7】 有以下程序：

```c
#include<stdio.h>
int main()
{
    int a=1,b=2;
    while(a<6)  {b+=a;a+=2;b%=10;}
    printf("%d,%d\n",a,b);
    return 0;
}
```

程序运行后的输出结果是_____。

    A. 5,11   B. 7,1   C. 7,11   D. 6,1

答案： B

解析： 本题考查 while 循环语句的一般用法。

（1）a=1 时，执行循环体 b=b+a=3，a=a+2=3，b=b%10=3。

（2）a=3 时，执行循环体 b=b+a=6，a=a+2=5，b=b%10=6。

（3）a=5 时，执行循环体 b=b+a=11，a=a+2=7，b=b%10=1。

（4）a=7 时，循环条件"a<6"不成立，循环结束。

输出 a 和 b 的值，分别为 7 和 1。

解决这类题目，可以将每一次循环的具体执行过程罗列出来，注意循环的结束条件，即可得到正确的答案。

【试题8】 有以下程序：

```c
#include<stdio.h>
int main()
{
    int s;
    scanf("%d",&s);
    while(s>0)
    {
        switch(s)
        {
            case 1:printf("%d",s+5);
            case 2:printf("%d",s+4);break;
            case 3:printf("%d",s+3);
            default:printf("%d",s+1);break;
        }
        scanf("%d",&s);
    }
    return 0;
}
```

运行时，若输入 1 2 3 4 5 0<回车>，则输出结果是_____。

    A. 6566456   B. 66656   C. 66666   D. 6666656

答案： A

解析： 本题考查 switch 语句在 while 循环中的应用。switch 语句执行完一个 case 后面的语句组后，流程控制转移到下一个 case 条件继续执行其后的语句组，直到遇到"break;"语句或

switch 结束符 "}"，跳出 switch 语句。

while 语句的执行过程：

（1）输入 s 值为 1 时，执行 switch 语句，"case 1" 满足条件，输出 s+5 即 6；继续执行 "case 2" 对应的语句，输出 s+4 即 5，遇到 "break;" 语句，跳出 switch 语句。

（2）输入 s 值为 2 时，执行 switch 语句，"case 2" 满足条件，输出 s+4 即 6，跳出 switch 语句。

（3）输入 s 值为 3 时，执行 switch 语句，"case 3" 满足条件，输出 s+3 即 6；继续执行 "default" 对应的语句，输出 s+1 即 4，跳出 switch 语句。

（4）输入 s 值为 4 时，执行 switch 语句，执行 "default" 对应的语句，输出 s+1 即 5，跳出 switch 语句。

（5）输入 s 值为 5 时，执行 switch 语句，执行 "default" 对应的语句，输出 s+1 即 6，跳出 switch 语句。

（6）输入 s 值为 0 时，不满足循环条件，循环结束。

因此输出 "6566456"。

【试题 9】有以下程序：

```c
#include<stdio.h>
int main()
{
    int sum=0,x=5;
    do {sum+=x;}  while(!--x);
    printf("%d\n",sum);
    return 0;
}
```

程序的运行结果是_____。

A. 0　　　　　　　B. 5　　　　　　　C. 14　　　　　　　D. 15

答案：B

解析：本题考查 do-while 循环语句的一般用法。x=5 时，执行循环体，sum=0+5=5；判断循环条件 "!--x"，这时!--x=!4=0，循环条件为 0，即为假，条件不成立，循环结束，此时 x = 4。

【试题 10】若 k 是 int 型变量，且有以下 for 语句：

```c
for(k=-1;k<0;k++)  printf("****\n");
```

下面关于语句执行情况的叙述中正确的是_____。

A．循环体执行一次　　　　　　　B．循环体执行两次

C．循环体一次也不执行　　　　　D．构成无限循环

答案：A

解析：本题主要考查 for 循环语句中循环条件表达式的使用情况。k 初始值为-1，执行一次循环体，然后执行表达式 "k++"，k 值为 0，条件 "k<0" 为假，循环结束。所以循环体执行了一次。

【试题 11】设变量已正确定义，以下不能统计出一行中输入字符个数（不包含回车符）的程序段是_____。

A．n=0; while((ch=getchar())!='\n') n++;

B．n=0; while(getchar()!='\n')　n++;

C．for (n=0;getchar()!='\n';n++);

D．n=0; for(ch=getchar();ch!='\n'; n++);

答案：D

解析：本题考查使用循环语句连续输入一行字符的方法。

要统计一行中输入字符的个数（不包含回车符），首先定义一个用作统计字符个数的变量 n，赋初值 0；因为字符结束要加换行符'\n'，故判断该行字符没有结束的表达式应为"getchar() != '\n'"。选项 A、B、C 均符合要求。选项 D，"for(ch=getchar();ch!='\n';n++);"，第 1 个表达式执行 1 次，即输入一个字符存放在 ch 变量中，第 2 个表达式为循环条件表达式，因此只能输入 1 个字符，不符合题目要求。可以把该选项的 for 语句改为"for(;ch=getchar()!='\n';n++);"。

【试题 12】有以下程序：

```
#include<stdio.h>
int main()
{
    int a=1,b=2;
    for(;a<8;a++) {b+=a;a+=2;}
    printf("%d,%d\n",a,b);
    return 0;
}
```

程序运行后的输出结果是_____。

A．9,18　　　　B．8,11　　　　C．7,11　　　　D．10,14

答案：D

解析：本题考查 for 循环语句的一般用法。

（1）第 1 次循环时，a=1，b=2，执行循环体 b=b+a=3，a=a+2=3。执行 for 语句中的表达式"a++"，a 为 4。

（2）第 2 次循环时，a=4，b=3，执行循环体 b=b+a=7，a=a+2=6。执行 for 语句中的表达式"a++"，a 为 7。

（3）第 3 次循环时，a=7，b=7，执行循环体 b=b+a=14，a=a+2=9。执行 for 语句中的表达式"a++"，a 为 10。

（4）条件"a<8"为假，循环结束。

输出 a 和 b 的值，分别为 10 和 14。

注意在每一次循环结束后先执行表达式"a++"，再判断条件"a<8"是否成立。

【试题 13】有以下程序：

```
#include<stdio.h>
int main()
{
    int s=0,n;
    for(n=0;n<3;n++)
    {   switch(s)
        {   case 0:
            case 1:s+=1;
```

```
        case 2:s+=2;break;
        case 3:s+=3;
        default:s+=4;
      }
    printf("%d,",s);
    }
    return 0;
}
```

程序运行后的结果是_____。

A. 1,2,4,   B. 1,3,6,   C. 3,10,14,   D. 3,6,10,

答案：C

解析：本题考查 switch 结构语句在 for 循环中的应用。

（1）n=0 时，s=0，执行 switch 语句，"case 0"满足条件，执行"s+=1;"语句，s=s+1=1；继续执行"case 2"对应的语句，即"s+=2;"语句，s=3，然后遇到"break;"语句，跳出 switch 语句。

（2）n=1 时，s=3，执行 switch 语句，"case 3"满足条件，执行"s+=3;"语句，s=6，继续执行"default"对应的语句，即"s+=4;"语句，s=10，跳出 switch 语句。

（3）n=2 时，s=10，执行 switch 语句中"default"对应的语句，即"s+=4;"语句，s=14，跳出 switch 语句。

循环结束，输出"3,10,14,"。

【试题 14】有以下程序：

```
#include<stdio.h>
int main()
{
    int x=8;
    for(;x>0;x--)
    {   if(x%3)
        {  printf("%d,",x--);continue;}
        printf("%d,",--x);
    }
    return 0;
}
```

程序的运行结果是_____。

A. 7,4,2,   B. 8,7,5,2,   C. 9,7,6,4,   D. 8,5,4,2,

答案：D

解析：本题考查 continue 语句在循环结构中的用法。

（1）第 1 次循环时，x=8，执行循环体，if 语句中的条件表达式"x%3"不为 0，条件表达式成立，执行"printf("%d,",x--);continue;"语句，即输出 x--的值 8（此时 x 值为 7）。执行 for 语句中的"x--"表达式，即 x=6。

（2）第 2 次循环时，x=6，执行循环体，if 语句中的条件表达式"x%3"为 0，条件表达式不成立，执行"printf("%d,", --x);"语句，即输出--x 的值 5（此时 x 值为 5）。执行 for 语句中的"x--"表达式，即 x = 4。

（3）第 3 次循环时，x=4，执行循环体，if 语句中的条件表达式"x%3"不为 0，条件表达式成立，执行"printf("%d,",x--); continue;"语句，即输出 x--的值 4（此时 x 值为 3）。执行 for 语句中的"x--"表达式，即 x=2。

（4）第 4 次循环时，x=2，执行循环体，if 语句中的条件表达式"x%3"不为 0，条件表达式成立，执行"printf("%d", x--); continue;"语句，即输出 x--的值 2（此时 x 值为 1）。执行 for 语句中的"x--"表达式，即 x=0。

（5）此时循环条件表达式"x>0"为假，循环结束。

因此输出"8,5,4,2,"。

【试题 15】有以下程序：

```c
#include<stdio.h>
int main()
{
    int i=5;
    do
    {   if(i%3==1)
            if(i%5==2)
            {printf("*%d",i);break;}
            i++;
    }while(i!=0);
    printf("\n");
    return 0;
}
```

程序运行后的输出结果是_____。

　　A．*7　　　　　　　B．*3*5　　　　　　C．*5　　　　　　D．*2*6

答案：A

解析：本题考查 break 语句在循环语句中的用法。

本题采用 do-while 循环，先执行一次循环体再判断，即至少会执行一次循环体。

经过分析可以发现，循环体的含义是如果表达式"(i%3==1)&&(i%5==2)"为真，那么输出 i 的值，然后执行"break;"语句，跳出循环；如果不满足上述条件，执行"i++;"语句，再开始下次循环的判断。

（1）第 1 次循环时，i=5，执行循环体，表达式"(i%3==1) && (i%5==2)"为假，执行"i++;"语句，此时 i=6。

（2）第 2 次循环时，i=6，执行循环体，表达式"(i%3==1) && (i%5==2)"为假，执行"i++;"语句，此时 i=7。

（3）第 3 次循环时，i=7，执行循环体，表达式"(i%3==1) && (i%5==2)"为真，输出"*7"，循环结束。

【试题 16】有以下程序：

```c
#include<stdio.h>
int main()
{
    int i,j,m=1;
    for(i=1;i<3;i++)
```

```
    {   for(j=3;j>0;j--)
        {   if(i*j>3)  break;
            m*=i*j;
        }
    }
    printf("m=%d\n",m);
    return 0;
}
```

程序运行后的输出结果是_____。

    A．m=6   B．m=2   C．m=4   D．m=5

答案： A

解析： 本题考查 break 语句在嵌套循环结构中的用法。

本题是嵌套循环，注意 break 语句的位置，它位于内层循环的循环体中，也就是执行此语句时跳出的是内层循环。

（1）第 1 次循环时，i=1，j=3，if 语句中的条件表达式 "i*j>3" 不成立，执行 "m*=i*j;" 语句，即 m=1*3=3。

（2）第 2 次循环时，i=1，j=2，if 语句中的条件表达式 "i*j>3" 不成立，执行 "m*=i*j;" 语句，即 m=3*2=6。

（3）第 3 次循环时，i=1，j=1，if 语句中的条件表达式 "i*j>3" 不成立，执行 "m*=i*j;" 语句，即 m=6*1=6。执行 "j--"，j 值为 0，不满足内层循环条件，故内层循环结束。

（4）第 4 次循环时，i=2，j=3，if 语句中的条件表达式 "i*j>3" 成立，执行 "break;" 语句，跳出内层循环。执行 "i++"，i 值为 3，不满足外层循环条件，故外层循环也结束了，输出 "m=6"。

【试题 17】 有以下程序段：

```
int i,n;
for(i=0;i<8;i++)
{   n=rand()%5;
    switch(n)
    {   case 1:
        case 3:printf("%d\n",n); break;
        case 2:
        case 4:printf("%d\n",n); continue;
        case 0:exit(0);
    }
     printf("%d\n",n);
}
```

以下关于程序执行情况的叙述中，正确的是_____。

    A．for 循环语句固定执行 8 次

    B．当产生的随机数 n 为 4 时结束循环操作

    C．当产生的随机数 n 为 1 和 2 时不做任何操作

    D．当产生的随机数 n 为 0 时结束程序运行

答案： D

解析：本题考查 continue 语句在循环语句中的用法以及 switch 语句的用法。

rand 函数是一个产生随机数的函数。分析程序可以发现，当 n 值为 1 或者 3 时，输出 n 的值，然后执行"break;"语句，此时的 break 语句是跳出 switch 语句；当 n 值为 2 或者 4 时，输出 n 的值，然后执行"continue;"语句，也就是提前结束本次循环，开始下次循环的判断；当 n = 0 时，执行"exit(0);"语句，该语句的含义是终止程序。

（1）选项 A 中，由于循环结构中"exit(0);"语句的出现，导致循环结构不一定执行 8 次，有可能遇到"exit(0);"语句而终止程序，故该叙述错误。

（2）选项 B 中，n 值为 4 时，执行"continue;"语句，并没有结束循环，故该叙述错误。

（3）选项 C 中，n 值为 1 时和 3 时执行相同的语句；n 值为 2 时和 4 时执行相同的语句，故该叙述错误。

（4）选项 D 中，如果 n 值为 0，执行"exit(0);"语句，终止程序，故该叙述正确。

【试题 18】 有以下程序：

```c
#include<stdio.h>
int main()
{
    int i,j;
    for(i=3;i>=1;i--)
    {
        for(j=1;j<=2;j++)  printf("%d",i+j);
        printf("\n");
    }
    return 0;
}
```

程序运行后的输出结果是_____。

A. 2 3 4	B. 4 3 2	C. 2 3	D. 4 5
3 4 5	5 4 3	3 4	3 4
	4 5		2 3

答案：D

解析：本题主要考查 for 循环语句的嵌套。

i 值从 3 减到 1，外层循环执行了 3 次，内层循环变量 j 从 1 增到 2，每一次外层循环中内层循环都要执行 2 次，每次输出"i+j"的值。由于外层循环执行了 3 次，每次在内层循环结束后输出'\n'，因此输出 3 行，每行两个数据。

（1）第 1 次循环时，i=3，j=1，输出"i+j"的值为 4。

（2）第 2 次循环时，i=3，j=2，输出"i+j"的值为 5。内层循环结束，输出'\n'。

（3）第 3 次循环时，i=2，j=1，输出"i+j"的值为 3。

（4）第 4 次循环时，i=2，j=2，输出"i+j"的值为 4。内层循环结束，输出'\n'。

（5）第 5 次循环时，i=1，j=1，输出"i+j"的值为 2。

（6）第 6 次循环时，i=1，j=2，输出"i+j"的值为 3。内层循环结束，输出'\n'。循环结束。

【试题 19】 有以下程序：

```c
#include<stdio.h>
int main()
```

```
    {
        int i,j,x=0;
        for(i=0;i<2;i++)
        {   x++;
            for(j=0;j<=3;j++)
            {if(j%2==0)  continue;x++;}
            x++;
        }
        printf("x=%d\n",x);
        return 0;
    }
```

程序的运行结果是_____。

    A．x=4   B．x=6   C．x=8   D．x=12

答案：C

解析：本题主要考查 for 循环语句的嵌套以及在循环嵌套中 continue 的用法。

（1）外层循环第 1 次循环时 i=0，执行 "x++;" 语句，即 x=1，进入内层循环。内层循环第 1 次循环时 j=0，条件表达式 "j%2==0" 成立，执行 "continue;" 语句，即开始第 2 次内层循环。

（2）内层循环第 2 次循环时 j=1，条件表达式 "j%2==0" 不成立，执行 "x++;" 语句，此时 x=2。

（3）内层循环第 3 次循环时 j=2，条件表达式 "j%2==0" 成立，执行 "continue;" 语句。

（4）内层循环第 4 次循环时 j=3，条件表达式 "j%2==0" 不成立，执行 "x++;" 语句，此时 x=3。内层循环结束。

（5）继续执行第 3 个 "x++;" 语句，此时 x=4。

由此可以看出在内层循环中，当 j 值为 1 和 3 时执行内层循环中的 "x++;" 语句，也就是说在内层循环中 x 的值增加了 2；而在每一次的外层循环中 2 次执行 "x++;" 语句。所以 i=0 时，执行了 2 次外层循环中的 "x++;" 语句、2 次内层循环中的 "x++;" 语句，即 x=x+4；i=1 时，同理执行了 4 次 "x++"，循环结束。最终 x=8。

【试题 20】 有以下程序：

```
    #include<stdio.h>
    int main()
    {
        int c=0,k;
        for(k=1;k<3;k++)
        switch(k)
        {
            default:c+=k;
            case 2:c++;break;
            case 4:c+=2;break;
        }
        printf("%d\n",c);
        return 0;
    }
```

程序运行后的输出结果是_____。
　　A．3　　　　　　　B．5　　　　　　　C．7　　　　　　　D．9
答案： A
解析： 本题主要考查 switch 语句。

for 语句的循环体为一个 switch 语句。switch 语句的判断条件是 k，k 值分 3 种情况：

（1）k 为 2 时，"case 2"满足条件，开始顺序执行"c++; break; c+=2; break;"，在执行过程中遇到 break 语句，则跳出 switch 语句，转向执行 switch 语句后面的语句，因此，k 为 2 时，实际上只执行了"c++;"语句。

（2）k 为 4 时，"case 4"满足条件，执行"c+=2;"语句。

（3）如果 k 不是 2 或 4，"default"满足条件，开始顺序执行"c+=k; c++; break; c+=2; break;"，在执行过程中遇到 break 语句，则跳出 switch 语句，转向执行 switch 语句后面的语句，因此，实际上执行了"c += k; c++;"。

for 语句的执行过程如下：

（1）k=1 时，执行"c+=k; c++;"，c 值为 2。

（2）k=2 时，执行"c++;"，c 值为 3。

（3）k=3 时，终止 for 循环，c 值为 3。

 习题

扫码查看答案

一、选择题

1．while 循环语句中，while 后一对圆括号中表达式的值决定了循环体是否进行，因此，进入 while 循环后，一定有能使此表达式的值变为（　　）的操作，否则循环将会无限制地进行下去。
　　A．0　　　　　　　B．1　　　　　　　C．成立　　　　　　D．2

2．程序段如下：
```
int k=-20;
while(k=0)  k=k+1;
```
则以下说法中正确的是（　　）。
　　A．while 循环执行 20 次　　　　　　B．循环是无限循环
　　C．循环体语句一次也不执行　　　　　D．循环体语句执行一次

3．下列程序段中，while 循环执行的次数是（　　）。
```
char k='a';
while(k='x')  --k;
```
　　A．无限次　　　B．不能执行　　　C．一次也不执行　　　D．执行 1 次

4．有以下程序：
```
#include<stdio.h>
int main()
{
    int y=10;
    while(y--);
```

```
    printf("y=%d\n",y);
    return 0;
}
```

程序运行后的输出结果是（　　）。

  A．y=0　　　　　　B．y=-1　　　　　C．y=1　　　　　　　　D．while 构成无限循环

5．有以下程序：

```
#include<stdio.h>
int main()
{
    int n=2,k=0;
    while(k++&&n++>2);
    printf("%d %d\n",k,n);
    return 0;
}
```

程序运行后的输出结果是（　　）。

  A．0 2　　　　　　B．1 3　　　　　C．5 7　　　　　　　D．1 2

6．for(表达式 1;　;表达式 3)可以理解为（　　）。

  A．for(表达式 1; 0;表达式 3)　　　　B．for(表达式 1; 1;表达式 3)

  C．for(表达式 1;表达式 1;表达式 3)　　D．for(表达式 1;表达式 3;表达式 3)

7．下列程序的运行结果是（　　）。

```
#include<stdio.h>
int main()
{
    int i=0,s=0;
    for(;;)
    {   if(i==3||i==5) continue;
        if(i==6)  break;
        i++;
        s+=i;
    }
    printf("%d\n",s);
    return 0;
}
```

  A．10　　　　　　B．13　　　　　C．21　　　　　　　D．程序进入死循环

8．有以下程序：

```
#include<stdio.h>
int main()
{
    char b,c;
    int i;
    b='a';
    c='A';
    for(i=0;i<6;i++)
    {   if(i%2)  putchar(i+b);
```

```
        else  putchar(i+c);
    }
    printf("\n");
    return 0;
}
```

程序运行后的输出结果是（   ）。

  A．ABCDEF   B．AbCdEf   C．aBcDeF   D．abcdef

9．以下程序段中的变量已正确定义：

```
for(i=0;i<4;i++,i++)
    for(k=1;k<3;k++);
        printf("*");
```

程序段的输出结果是（   ）。

  A．******   B．****   C．**   D．*

10．在下列程序中，while 循环的循环次数是（   ）。

```
#include"stdio.h"
int main()
{   int i=0;
    while(i<10)
    {  if(i<1)  continue;
       if(i==5)  break;
       i++;
    }
    …
}
```

  A．1   B．10

  C．6   D．死循环，不能确定次数

11．程序段如下：

```
int k=0;while(k++<=2)  printf("%d",k);
```

则执行结果是（   ）。

  A．123   B．234   C．0 12   D．无结果

12．以下程序的输出结果是（   ）。

```
#include"stdio.h"
int main()
{
    int a,b;
    for(a=1,b=1;a<=100;a++)
    {
        if(b>=20) break;
        if(b%3==1)
        {
            b+=3;continue;
        }
        b-=5;
    }
}
```

```
        printf("%d",a);
        return 0;
    }
```
A. 7　　　　　　　B. 8　　　　　　C. 9　　　　　　D. 10

13. 以下程序的输出结果是（　　）。
```
#include"stdio.h"
int main()
{
    int x=3;
    do
    {printf("%3d",x-=2);
    }while(--x);
    return 0;
}
```
A. 1　　　　　　　B. 30 3　　　　　C. 1 -2　　　　　D. 死循环

14. 以下程序的输出结果是（　　）。
```
#include"stdio.h"
int main()
{
    int i;
    for(i=1;i<=5;i++)
    {   if(i%2)
            printf("#");
        else
            continue;
        printf("*");
    }
    printf("$\n");
    return 0;
}
```
A. *#*#*#$　　　B. #*#*#*$　　　C. *#*#$　　　D. #*#*$

15. 以下程序的输出结果是（　　）。
```
#include"stdio.h"
int main()
{
    int a=0,i;
    for(i=1;i<5;i++)
    {
        switch(i)
            {  case 0:
               case 3:a+=2;
               case 1:
               case 2:a+=3;
               default:a+=5;
            }
```

```
    }
    printf("%d\n",a);
    return 0;
}
```

A. 31   B. 13   C. 10   D. 20

16. 以下程序的输出结果是（   ）。

```
#include<stdio.h>
int main()
{
    int i=0,a=0;
    while(i<20)
    {
        for(;;)
        {
            if((i%10)==0) break;
            else i--;
        }
        i+=11;a+=i;
    }
    printf("%d\n",a);
    return 0;
}
```

A. 21   B. 32   C. 33   D. 11

17. 下面程序的运行结果是（   ）。

```
#include<stdio.h>
int main()
{
    int x=8;
    for(;x>0;x--)
    {
        if(x%3)
        {
            printf("%d,",x--);continue;
        }
        printf("%d,",--x);
    }
    return 0;
}
```

A. 7,4,2,   B. 8,7,5,2,   C. 9,7,6,4,   D. 8,5,4,2,

18. 下面程序的运行结果是（   ）。

```
#include<stdio.h>
int main()
{
    int i,j,m=55;
    for(i=1;i<=3;i++)
```

```
        for(j=3;j<=i;j++)
            m=m%j;
        printf("%d\n",m);
        return 0;
    }
```

A. 0　　　　　　B. 1　　　　　　C. 2　　　　　　D. 3

19. 下面程序的运行结果是（　　）。

```
#include<stdio.h>
int main()
{
    int i=10,j=0;
    do
    {
        j=j+i;
        i--;
    }while(i>5);
    printf("%d",j);
    return 0;
}
```

A. 45　　　　　　B. 40　　　　　　C. 34　　　　　　D. 55

20. 要使下列程序段输出 10 个整数，应在下划线处填入的数是（　　）。

```
for(i=0;i<=_____;)
{printf("%d",i+=2);}
```

A. 9　　　　　　B. 10　　　　　　C. 18　　　　　　D. 20

二、程序填空题

1. 程序的功能是分别求出一批非零整数中的偶数、奇数的平均值，用零作为终止标记，请在下划线处填入正确的内容。

扫码查看答案

```
#include<stdio.h>
int main()
{
    int x,i=0,j=0;
    float s1=0,s2=0,av1,av2;
    scanf("%d",&x);

    while(_____)
    {
        if(_____)
        {
            _____;i++;
        }
        else
        {
            _____;j++;
        }
```

```
            scanf("%d",&x);
        }
        if(i!=0) av1=s1/i;
        else av1=0;
        if(j!=0) av2=s2/j;
        else av2=0;
        printf("偶数均值: %7.2f, 奇数均值: %7.2f\n",av1,av2);
        return 0;
    }
```

2. 程序的功能是输出 100~1000 的各位数字之和能被 15 整除的所有数，输出时每 10 个一行，请在下划线处填入正确的内容。

```
#include<stdio.h>
int main()
{
    int m,n,k,i=0;
    for(m=100;_____;m++)
    {
        k=0;
        n=m;
        do
        {
            k=k+_____;
            n=_____;
        }while(n>0);
        if(k%15==0)
        {
            printf("%5d",m);i++;
            if(i%10==0) printf("\n");
        }
    }
    return 0;
}
```

3. 程序的功能是计算并输出 500 以内最大的 10 个能被 13 或 17 整除的自然数之和，请在下划线处填入正确的内容。

```
#include"stdio.h"
int main()
{
    int m=0,count=0;
    int k=500;

    while(k >= 2 && count<10)
    {
        if(k%13 == 0||k%17==0)
        {
            _____;
            _____;
```

```
        }
            _____;
        }
        printf("%d\n",m);
        return 0;
    }
```

4. 程序的功能是计算 $f(x) = 1 + x + \dfrac{x^2}{2!} + \cdots + \dfrac{x^n}{n!}$ 的前 n 项。若 x=2.5，n=12，函数值为 12.182340。请在下划线处填入正确的内容。

```
    #include<stdio.h>
    int main()
    {
        double y,t,x;
        int i,n;
        scanf("%lf%d",&x,&n);
        y = 1.0;
        t = 1;
        for(i=1;_____;i++)
        {
            t *= _____;
            y += _____;
        }

        printf("\nThe result is:\n");
        printf("x=%-12.6f y=%-12.6f\n",x,y);
        return 0;
    }
```

5. 程序的功能是找出 100～999（含 100 和 999）的所有整数中各位上数字之和为 x（x 为一正整数）的整数，然后输出，最后输出有多少个符合要求的数。例如，当 x 值为 5 时，100～999 区域各位上数字之和为 5 的整数有 104、113、122、131、140、203、212、221、230、302、311、320、401、410、500，共 15 个，请在下划线处填入正确的内容。

```
    #include<stdio.h>
    int main()
    {
        int x=-1,n,s1,s2,s3,t;
        n=0;
        t=100;
        while(_____)
        {   printf("Please input(x>0):");
            scanf("%d",&x);
        }
        for(t=100;t<=999;t++)
        {
            s1=_____;
            s2=_____;
```

```
        s3=_____;
        if(s1+s2+s3==x)
        {
            printf("%d",t);
            n++;
        }
    }
    printf("\nThe result is:%d\n",n);
    return 0;
}
```

6. 程序的功能是计算 $s=\dfrac{3}{2^2}-\dfrac{5}{4^2}+\dfrac{7}{6^2}-\cdots+(-1)^{n-1}\dfrac{(2\times n+1)}{(2\times n)^2}$ 直到 $\dfrac{(2\times n+1)}{(2\times n)^2}\leqslant 10^{-3}$，例如若 e 的值为 1e-3，程序的运行结果是 0.551690。请在下划线处填入正确的内容。

```
#include<stdio.h>
int main()
{
    int i,k;
    double s,t,x,e=1e-3;
    s=0; k=1;i=2;
    x=3.0/4;
    while(_____)
    {
        s=s+k*x;
        k=____;
        t=____;
        x=____;
        i++;
    }
    printf("\nThe result is:%lf\n",fun(e));
    return 0;
}
```

7. 程序的功能是统计所有小于等于 n（n>2）的素数的个数，请在下划线处填入正确的内容。

```
#include<stdio.h>
int main()
{
    int n;
    int i,j,count=0;
    printf("Input n:");
    scanf("%d",&n);
    printf("\nThe prime number between 3 to %d\n",n);
    for(i=3;i<=n;i++)
    {
        for(j=2;_____;j++)
            if(_____) break;
```

```
        if(_____)
        {
            count++;
            printf(count%15? "%5d":"\n%5d",i);
        }
    }
    printf("\nThe number of prime is:%d\n",count);
    return 0;
}
```

8. 程序的功能是输入一段数字后，将输入的数字颠倒输出（回文），请在下划线处填入正确的内容。

```
#include"stdio.h"
int main()
{
    int numb,rdigit;
    scanf("%d",&numb);
    while(_____)
    {
      rdigit=_____;
      printf("%d",rdigit);
      numb=_____;
    }
    printf("\n");
    return 0;
}
```

9. 下面的程序是计算 sum=1+(1+1/2)+(1+1/2+1/3)+...+(1+1/2+...+1/n)的值。当 n 的值为 3 时，程序的运行结果为 4.333333。请在下划线处填入正确的内容。

```
#include"stdio.h"
int main()
{
    int i,m=3;
    float sum=0,s=0;;
    for(i=1;_____;i++)
    {
        s=_____;
        sum=_____;
    }

    printf("%f\n",sum);
    return 0;
}
```

10. 下面程序的功能是将变量 n 各位上为偶数的数去除，剩余的数按原来从高位到低位的顺序组成一个新的数。例如，输入一个数 27638496，新的数为 739。请在下划线处填入正确的内容。

```c
#include<stdio.h>
int main()
{
    unsigned long n=-1,x=0,i;
    int t;
    i=1;
    while(n>99999999||n<0)
    {
        printf("Please input(0<n<100000000):");
        scanf("%ld",&n);
    }
    while(_____)
    {
        t=_____;
        if(t%2!=0)
        {
            x=_____;
            i=_____;
        }
        n=_____;
    }
    printf("\nThe result is:%ld\n",x);
    return 0;
}
```

扫码查看答案

三、程序设计题

1. 若一个三位数等于其各位上数字的立方和，则称这个三位数为水仙花数。例如，153 是一个水仙花数，因为 $153 = 1^3 + 5^3 + 3^3$。编写一个程序，输出所有的水仙花数。

2. 输入两个整数，用辗转相除法计算这两个整数的最大公约数和最小公倍数。

3. 一张单据上有一个五位数的号码为"6**42"，其中百位数和千位数已模糊不清，但知道这个五位数能被 57 和 67 除尽。编程找出该单据所有可能的号码。

4. 编写一个程序，计算 $s = 1 - \dfrac{1}{2} + \dfrac{1}{3} - \dfrac{1}{4} + \dfrac{1}{5} + \cdots + \dfrac{1}{m}$。其中 m 由输入决定。

5. 编写一个程序，计算 $3 + 33 + 333 + \cdots + \overbrace{33\cdots3}^{n\uparrow 3}$ 的值，n 的值由键盘输入。

6. 编写一个程序，输出 1000 以内的所有"完数"。一个数如果恰好等于它的因子之和，这个数就是"完数"。例如，6 的因子为 1、2、3，而 6=1+2+3，因此 6 是"完数"。

第6章 数组

✓ 经典试题解析

【试题 1】下列选项中，能够正确定义数组的语句是_____。

    A．int num[0..2020];
                            B．int num[];

    C．int N = 2020;
                            D．#define N 2020

       int num[N];
                                  int num[N];

答案：D

解析：本题主要考查一维数组的定义。

数组定义时，数组长度必须是整型常量、整型常量表达式或者符号常量，但不能是变量。也就是说定义数组时必须明确指定数组的大小。C 语言不允许对数组的大小作动态定义。

（1）选项 A 的描述方法是不合法的，错误。

（2）选项 B 数组长度不确定，错误。

（3）选项 C 用变量定义数组长度是不允许的，错误。

（4）选项 D 中数组长度用符号常量表示，正确。

【试题 2】若要定义一个具有 5 个元素的整型数组，以下定义语句中错误的是_____。

    A．int a[5]={0};
                            B．int b[ ]={0,0,0,0,0};

    C．int c[2+3];
                            D．int i=5,d[i];

答案：D

解析：本题主要考查一维数组的定义及初始化。

（1）选项 A 表示定义了一个数组长度为 5 的 a 数组，其各元素值均为 0。故选项 A 是正确的。

（2）选项 B 定义 b 数组的同时进行初始化，此时编译程序自动计算初值表里元素的个数，将计算的结果作为数组长度，即 b 数组的长度为 5。故选项 B 是正确的。

（3）选项 C 表示定义了一个数组长度为 5 的 c 数组。故选项 C 是正确的。

（4）选项 D 中数组长度 i 是变量，C 语言不允许数组长度为变量。故选项 D 是错误的。

【试题 3】若有定义语句：int m[]={5,4,3,2,1},i=4;，则下面对 m 数组元素的引用中错误的是_____。

    A．m[--i]
          B．m[2*2]
          C．m[m[0]]
          D．m[m[i]]

答案：C

解析：本题主要考查一维数组元素的引用，特别要注意数组下标越界的问题。

数组下标从 0 开始，m 数组中有 5 个元素，m[0]=5，m[1]=4，m[2]=3，m[3]=2，m[4]=1。

（1）选项 A 中 m[--i]，表示 m[3]。故选项 A 的引用方法正确。

（2）选项 B 中 m[2 * 2]，表示 m[4]。故选项 B 的引用方法正确。

（3）选项 C 中 m[m[0]]，表示 m[5]，m 数组只有 5 个元素，最后一个元素是 m[4]。故选项 C 的引用方法错误。

（4）选项 D 中 m[m[i]]，表示 m[m[4]]=m[1]。故选项 D 的引用方法正确。

【试题 4】 以下叙述中错误的是_____。

    A．同一个数组中所有元素的类型相同

    B．不可以跳过前面的数组元素给后面的元素赋初值 0

    C．定义语句：int a[10]={0};，给 a 数组中的所有元素赋初值 0

    D．若有定义语句：int a[4] = {1,2,3,4,5};，编译时将忽略多余的初值

答案： D

解析： 本题主要考查一维数组初始化的相关概念。

一维数组初始化时，当所赋初值个数多于所定义数组长度时，编译时将给出出错信息。

【试题 5】 有以下程序：

```c
#include<stdio.h>
int main()
{
    int s[12]={1,2,3,4,4,3,2,1,1,1,2,3},c[5]={0},i;
    for(i=0;i<12;i++)  c[s[i]]++;
    for(i=1;i<5;i++)  printf("%d",c[i]);
    printf("\n");
    return 0;
}
```

程序的运行结果是_____。

    A．1 2 3 4   B．2 3 4 4   C．4 3 3 2   D．1 1 2 3

答案： C

解析： 本题主要考查一维数组元素的引用。

（1）"for(i=0;i<12;i++)   c[s[i]]++;"语句给 c 数组的各元素赋值，"for(i=1;i<5;i++) printf("%d",c[i]);"语句输出 c 数组元素的值。在给 c 数组元素赋值时，使用 s[i]作为 c 数组的下标表达式。

（2）经过分析可以发现，"c[s[i]]++"实际统计了 s[i]中相同数字的个数，同时将统计的结果放在以该数字为下标的 c 数组中，也就是 c[1]中存放了 s 数组中值为 1 的元素的个数，c[2]中存放了 s 数组中值为 2 的元素的个数，c[3]中存放了 s 数组中值为 3 的元素的个数，c[4]中存放了 s 数组中值为 4 的元素的个数。

（3）由于 s 数组中值为 1 的元素有 4 个，值为 2 的元素有 3 个，值为 3 的元素有 3 个，值为 4 的元素有 2 个，因此 c[1]=4，c[2]=3，c[3]=3，c[4]=2，其余元素 c[0]=0。输出 c 数组中 a[1]至 a[4]四个元素的值为"4 3 3 2"。

【试题 6】 有以下程序：

```c
#include<stdio.h>
int main()
{
    int a[]={2,3,5,4},i;
    for(i=0;i<4;i++)
    switch(i%2)
```

```
{ case 0:switch(a[i]%2)
        { case 0:a[i]++;break;
            case 1:a[i]--;
        }
        break;
    case 1:a[i]=0;
}
for(i=0;i<4;i++)  printf("%d",a[i]);
printf("\n");
return 0;
}
```

程序运行后的输出结果是_____。

　A．3344　　　　　B．2050　　　　C．3040　　　　　D．0304

答案：C

解析：本题主要考查一维数组元素的引用以及嵌套的 switch 语句。

（1）i=0 时，执行 switch 语句，判断条件表达式 "i%2"，"case 0" 满足条件。进入内层 switch 语句，判断条件表达式 "a[i]%2"，即 a[0]%2=2%2=0，内层 switch 语句中的 "case 0" 满足条件，执行 "a[i]++;break;" 语句，即 a[0]=3，跳出内层 switch 语句。执行外层 switch 语句中的 "break;" 语句，跳出外层 switch 语句。

（2）i=1 时，执行 switch 语句，判断条件表达式 "i%2"，"case 1" 满足条件，执行 "a[i]=0;" 语句，即 a[1]=0。

（3）i=2 时，执行 switch 语句，判断条件表达式 "i%2"，"case 0" 满足条件。进入内层 switch 语句，判断条件表达式 "a[i]%2"，即 a[2]%2=5%2=1，内层 switch 语句中的 "case 1" 满足条件，执行 "a[i]--;" 语句，即 a[2]=4，跳出内层 switch 语句。执行外层 switch 语句中的 "break;" 语句，跳出外层 switch 语句。

（4）i=3 时，执行 switch 语句，判断条件表达式 "i%2"，"case 1" 满足条件，执行 "a[i]=0 ;" 语句，即 a[3]=0。

由此可以看出，该程序将数组下标为奇数的元素值设为 0，下标为偶数的元素如果值为奇数，则减 1，如果为偶数就加 1，最后打印数组。输出 "3040"。

【试题 7】有以下程序：

```
#include<stdio.h>
int main()
{
    int a[5]={1,2,3,4,5},b[5]={0,2,1,3,0},i,s=0;
    for(i=0;i<5;i++)  s=s+a[b[i]];
    printf("%d\n",s);
    return 0;
}
```

程序运行后的输出结果是_____。

　A．6　　　　　　B．10　　　　　C．11　　　　　　D．15

答案：C

解析：本题主要考查一维数组元素的引用。

经过分析可以发现，变量 s 中存放了数组 a 中部分元素之和。s=a[b[0]]+a[b[1]]+a[b[2]]+a[b[3]] + a[b[4]]=a[0]+a[2]+a[1]+a[3]+a[0]=1+3+2+4+1=11。

【试题 8】 设有定义：int x[2][3];，则以下关于二维数组 x 的叙述中错误的是_____。

    A．x[0]可看作由 3 个整型元素组成的一维数组

    B．x[0]和 x[1]是数组名，分别代表不同的地址常量

    C．数组 x 包含 6 个元素

    D．可以用语句 x[0]=0;为数组的所有元素赋初值 0

答案： D

解析： 本题主要考查二维数组的定义。

（1）定义了 2 行 3 列的二维数组，可以把它看成是一种特殊的一维数组，每个数组元素又是一个一维数组。即把 x 数组看作是一个一维数组，它有 2 个元素：x[0]、x[1]，每个元素又是一个包含 3 个元素的一维数组，故选项 A 的叙述正确。

（2）选项 B，x[0]表示第 0 行的起始地址，它是这一行一维数组的数组名，x[1]同理，故选项 B 的叙述正确。

（3）选项 C，数组 x 有 2 行 3 列，即 6 个元素，故选项 C 的叙述正确。

（4）选项 D，x[0]表示的是地址常量，不能使用"x[0]=0;"这样的赋值语句，故选项 D 的叙述错误。

【试题 9】 以下定义数组的语句中错误的是_____。

    A．int num[]={1,2,3,4,5,6};

    B．int num[][3]={{1,2},3,4,5,6};

    C．int num[2][4]={{1,2},{3,4},{5,6}};

    D．int num[][4] = {1,2,3,4,5,6};

答案： C

解析： 本题主要考查二维数组的初始化。

（1）选项 A 给一维数组初始化，如果将全部元素值列出，可以省略数组长度，相当于"int num[6]={1,2,3,4,5,6};"，故选项 A 正确。

（2）选项 B 给二维数组初始化，省略了第 1 维长度，相当于"int num[3][3]={{1,2,0},{3,4,5},{6,0,0}};"，故选项 B 正确。

（3）选项 C 给二维数组初始化，定义 num 数组是 2 行 4 列，赋值运算符右侧初始化提供的是 3 行，与定义维度不符，故选项 C 错误。

（4）选项 D 给二维数组初始化，省略了第 1 维长度，相当于"int num[2][4]={{1,2,3,4},{5,6,0,0}};"，故选项 D 正确。

【试题 10】 若有定义：int a[2][3];，以下选项中对 a 数组元素正确引用的是_____。

    A．a[2][!1]   B．a[2][3]   C．a[0][3]   D．a[1>2][!1]

答案： D

解析： 本题主要考查二维数组元素的引用。

定义了二维数组 a 有 6 个元素，分别为 a[0][0]、a[0][1]、a[0][2]、a[1][0]、a[1][1]、a[1][2]。其中行下标最大值为 1，列下标最大值为 2。

（1）选项 A 表示 a[2][0]，数组下标越界，故选项 A 的引用方法错误。

（2）选项 B 和 C 都是数组下标越界，是错误的引用。

（3）选项 D 表示 a[0][0]，引用方法正确。

【试题 11】有以下程序：

```c
#include<stdio.h>
int main()
{
    int b[3][3]={0,1,2,0,1,2,0,1,2},i,j,t=1;
    for(i=0;i<3;i++)
        for(j=i;j<=i;j++)
            t+=b[i][b[j][i]];
    printf("%d\n",t);
    return 0;
}
```

程序运行后的输出结果是_____。

    A. 1   B. 3   C. 4   D. 9

答案：C

解析： 本题主要考查二维数组元素的引用。

（1）i=0，j=0 时，t=t+b[0][b[0][0]]=1+b[0][0]=1+0=1。

（2）i=1，j=1 时，t=t+b[1][b[1][1]]=1+b[1][1]=1+1=2。

（3）i=2，j=2 时，t=t+b[2][b[2][2]]=2+b[2][2]=2+2=4。

【试题 12】以下选项中合法的是_____。

    A. char str3[]={'d','e','b','u','g','\0'};

    B. char str4; str4="hello world";

    C. char name[10]; name ="china";

    D. char str1[5] ="pass",str2[6]; str2=str1;

答案：A

解析： 本题考查字符数组的赋值。

（1）选项 A，在定义 str3 数组时给其赋值，这是初始化，故合法。

（2）选项 B，定义了字符变量 str4，"str4="hello world";" 语句企图将字符串"hello world" 赋值给 str4，错误，故不合法。

（3）选项 C，定义了字符数组 name，使用赋值语句 "name="china";" 企图给 name 数组赋值，而数组名 name 是常量，表示了该数组首元素在内存中的地址，不能被赋值，故不合法。

（4）选项 D，定义了两个字符数组 str1 和 str2，使用赋值语句 "str2=str1;" 企图将 str1 中的内容赋值给 str2，而数组名 str2 是常量，表示了该数组首元素在内存中的地址，不能被赋值，故不合法。

【试题 13】下面有关 C 语言字符数组的描述中错误的是_____。

    A. 不可以用赋值语句给字符数组名赋字符串

    B. 可以用输入语句把字符串整体输入给字符数组

    C. 字符数组中的内容不一定是字符串

    D. 字符数组只能存放字符串

答案：D

解析：本题考查字符数组的基本概念。

字符数组中的内容不一定是字符串，故选项 D 的叙述错误。

【试题 14】设有定义：char s[81]; int i=0;，以下不能将一行（不超过 80 个字符）带有空格的字符串正确读入的语句或语句组是_____。

    A．gets(s);

    B．while((s[i++]=getchar())!='\n');s[i]='\0';

    C．scanf("%s",s);

    D．do{scanf("%c",&s[i]);}   while(s[i++]!='\n');s[i]='\0';

答案：C

解析：本题考查字符串的输入方式。

字符串的输入有两种方式：使用 scanf 函数和使用 gets 函数。

（1）选项 A 使用 gets 函数输入一个字符串，它可以读入带有空格的字符串。

（2）选项 B 采用逐个字符输入的方式输入一行字符，最后在字符串结束时添加'\0'，因此可以读入带有空格的字符串。

（3）选项 C 采用 scanf 函数输入字符串，但是该函数不能读入带空格的字符串，故选项 C 不可以读入带有空格的字符串。

（4）选项 D 和选项 B 类似。

【试题 15】下列叙述中正确的是_____。

    A．可以用关系运算符比较字符串的大小

    B．空字符串不占用内存，其内存空间大小是 0

    C．两个连续的单引号是合法的字符常量

    D．两个连续的双引号是合法的字符串常量

答案：D

解析：本题考查字符串的基本概念。

（1）比较两个字符串不能使用关系运算符实现，只能通过调用字符串处理函数 strcmp 实现，故选项 A 的叙述错误。

（2）空字符串也是占用内存空间的，占 1 个字节的空间，存放字符串结束标志'\0'，故选项 B 的叙述错误。

（3）两个连续的单引号不是字符常量，字符常量只能包含一个字符，故选项 C 的叙述错误。

（4）两个连续的双引号是一个字符串常量，称为空串，故选项 D 的叙述正确。

【试题 16】有以下程序：

```
#include<stdio.h>
int main()
{
    char s[]={"012xy"};
    int i,n=0;
    for(i=0;s[i]!=0;i++)
        if(s[i]>='a'&&s[i]<='z')  n++;
```

```
        printf("%d\n",n);
        return 0;
    }
```

程序运行后的输出结果是_____。

A．0   B．2   C．3   D．5

答案：B

解析：本题主要考查字符数组元素的引用。

该程序的作用是计算字符串中小写字母的个数，其中 for 语句中的循环条件表达式"s[i] != 0"相当于"s[i] != '\0'"。分析可知输出结果为 2。

【试题 17】有以下程序：

```
    #include<stdio.h>
    int main()
    {
        char s[]="012xy\08s34f4w2";
        int i,n=0;
        for(i=0;s[i]!=0;i++)
            if(s[i]>='0'&&s[i]<='9')  n++;
        printf("%d\n",n);
        return 0;
    }
```

程序运行后的输出结果是_____。

A．0   B．3   C．7   D．8

答案：B

解析：本题主要考查字符数组元素的引用和字符串结束标志。

该程序的作用是计算字符串中数字字符（'0'～'9'）的个数。注意 s 数组中存储的字符串是"012xy"，当 for 循环遇到\0时循环结束，所以输出 n 值为 3。

【试题 18】有以下程序：

```
    #include<stdio.h>
    int main()
    {
        int k,n=0;
        char c,str[]="teach";
        for(k=0;str[k];k++)
        {   c=str[k];
            switch(k)
            {
                case 1:
                case 3:
                case 5:putchar(c); printf("%d",++n); break;
                default:putchar('N');
            }
        }
        return 0;
    }
```

程序的运行结果是_____。

   A. Ne1NN   B. e1a2e3   C. Ne1Nc2N   D. Na1NNNN

答案：C

解析：本题主要考查字符数组元素的引用。

for 循环语句对 str 数组中的字符串进行处理。

（1）k=0 时，c=str[0]='t'，输出'N'。

（2）k=1 时，c=str[1]='e'，输出'e'，然后输出++n 即 1。

（3）k=2 时，c=str[2]='a'，输出'N'。

（4）k=3 时，c=str[3]='c'，输出'c'，然后输出++n 即 2。

（5）k=4 时，c=str[4]='h'，输出'N'，循环结束。

【试题 19】有以下程序：

```c
#include<stdio.h>
int main()
{
    char ch[3][5]={"AAAA","BBB","CC"};
    printf("%s\n",ch[1]);
    return 0;
}
```

程序运行后的输出结果是_____。

   A. AAAA   B. CC   C. BBBCC   D. BBB

答案：D

解析：本题考查字符串数组的基本知识。

ch 数组是一个 3 行 5 列的数组。它可以存放 3 个字符串。ch[1]表示的就是第二个字符串"BBB"的地址，因此输出"BBB"。

【试题 20】有以下程序：

```c
#include<stdio.h>
int main()
{
    char a[5][10]={"one","two","three","four","five"};
    int i,j;
    char t;
    for(i=0;i<4;i++)
        for(j=i+1;j<5;j++)
            if(a[i][0]>a[j][0])
            {t=a[i][0];a[i][0]=a[j][0];a[j][0]=t;}
    puts(a[1]);
    return 0;
}
```

程序运行后的输出结果是_____。

   A. fwo   B. fix   C. two   D. owo

答案：A

解析：本题考查字符串数组元素的引用。

　　字符串数组实际上就是二维数组，其元素的引用和其他二维数组元素的引用一样。通过分析可以发现，程序的功能是将二维数组的第 1 列（列下标为 0）字母从小到大排序，其他字符不变。即排序之后为 a[0][0]='f'、a[1][0]='f'、a[2][0]='o'、a[3][0]='t'、a[4][0]='t'，输出 a[1]即输出数组的第二行，为"fwo"。

　　【试题 21】有定义语句：char s[10];，若要从终端给 s 输入 5 个字符，则错误的输入语句是_____。

　　　　A．gets(&s[0]);　　　　　　　　　B．scanf("%s",s+1);
　　　　C．gets(s);　　　　　　　　　　　D．scanf("%s",s[1]);

　　答案： D

　　解析： 本题主要考查字符串输入函数的使用。

　　（1）使用 gets 函数输入字符串时，参数是字符串的首地址，可以用数组名或者&s[0]方式表示，故选项 A、C 正确。

　　（2）使用 scanf 函数输入时，输入项为字符串的地址值，故选项 B 正确。

　　（3）s[1]是字符，不是地址，故选项 D 错误。

　　【试题 22】有以下程序：

```
#include<stdio.h>
int main()
{
    char a[30],b[30];
    scanf("%s",a);
    gets(b);
    printf("%s\n%s\n",a,b);
    return 0;
}
```

程序运行时若输入：

how are you? I am fine<回车>

则输出结果是_____。

　　　　A．how are you?　　　　　　　　　B．how
　　　　　　I am fine　　　　　　　　　　　 are you?　 I am fine
　　　　C．how are you?　 I am fine　　　　 D．how are you?

　　答案： B

　　解析： 本题主要考查字符串输入函数的使用。

　　使用 scanf 函数输入字符串时，空格字符作为输入字符串之间的分隔符。而使用 gets 函数输入字符串时，是可以输入空格的。因此本程序运行时，用户输入的内容会分成两部分，第一个空格前的部分赋值给 a 数组，空格以及后面的部分赋值给 b 数组。

　　【试题 23】有以下程序：

```
#include<stdio.h>
int main()
{
    char a[20],b[20],c[20];
    scanf("%s%s",a,b);
```

```
    gets(c);
    printf("%s%s%s\n",a,b,c);
    return 0;
}
```

程序运行时从第一行开始输入 This is a cat!<回车>，则输出结果是_____。

A. Thisisacat!　　　　B. This is a　　　　C. Thisis a cat!　　　　D. Thisisa cat!

答案： C

解析： 本题主要考查字符串输入函数的使用。

scanf 函数接收字符串时，遇到空格就作为一个字符串的结束，而 gets 函数遇到回车才认为结束。本程序运行时，用户输入的内容会分成三部分，第一个空格前的部分赋值给 a 数组，即 a 数组存放的是"This"；第二个空格前的部分赋值给 b 数组，即 b 数组存放的是"is"；空格以及后面的部分赋值给 c 数组，即 c 数组存放的是" a cat!"。因此输出是"Thisis a cat!"。

【试题 24】 有以下程序：

```
#include<stdio.h>
#include<string.h>
int main()
{
    char x[]="STRING";
    x[0]=0;x[1]='\0';x[2]='0';
    printf("%d %d\n",sizeof(x),strlen(x));
}
```

程序运行后的输出结果是_____。

A. 6 1　　　　B. 7 0　　　　C. 6 3　　　　D. 7 1

答案： B

解析： 本题主要考查字符数组的长度与字符串长度的区别。

（1）定义 x 数组时即对它初始化，根据该初始化结果，编译程序为 x 数组分配了 7 个字节的内存单元，其中包含了字符串结束标志'\0'，因此 sizeof(x)=7。

（2）程序继续给 x 数组的各元素赋值"x[0]=0;x[1]='\0';x[2]='0';"。strlen 函数计算字符串长度，即字符串中'\0'前字符的个数（不包含'\0'），而 x[0]=0，表示 x 数组中无有效字符，因此 strlen(x)=0。

【试题 25】 有以下程序（strcpy 为字符串复制函数，strcat 为字符串连接函数）：

```
#include<stdio.h>
#include<string.h>
int main()
{
    char a[10]="abc",b[10]="012",c[10]="xyz";
    strcpy(a+1,b+2);
    puts(strcat(a,c+1));
}
```

程序运行后的输出结果是_____。

A. a12xyz　　　　B. 12yz　　　　C. a2yz　　　　D. bc2yz

答案： C

解析：本题主要考查 strcpy 函数、strcat 函数和 puts 函数的使用。

strcpy 函数实现字符串的复制，strcat 函数实现字符串的连接，puts 函数实现字符串的输出。

（1）调用 strcpy 函数，将 b 数组从 b[2]开始的字符复制到 a 数组中 a[1]及其后的存储单元中，即此时 a 数组中存放的字符串是"a2"。

（2）执行 strcat 函数，将 c 数组从 c[1]开始的字符与 a 数组中的字符串连接，a 数组中存放的字符串是"a2yz"。

（3）使用 puts 函数输出 a 数组中的字符串。

【试题 26】下列选项中能够满足"若字符串 s1 等于字符串 s2，则执行 ST"要求的是 _____。

  A．if(strcmp(s2,s1)==0)　ST; B．if(s1==s2)　ST;

  C．if(strcpy(s1,s2)==1)　ST; D．if(s1-s2==0)　ST;

答案：A

解析：本题主要考查 strcmp 函数的使用方法。

要比较两个字符串，不能直接使用比较运算符进行比较，必须使用字符串处理函数 strcmp 实现。如果字符串 s1 等于字符串 s2，那么 strcmp(s2,s1)为 0。

【试题 27】有以下程序：

```
#include<stdio.h>
#include<string.h>
int main()
{
    char a[5][10]={"china","beijing","you","tiananmen","welcome"};
    int i,j;
    char t[10];
    for(i=0;i<4;i++)
        for(j=i+1;j<5;j++)
            if(strcmp(a[i],a[j])>0)
                {strcpy(t,a[i]);strcpy(a[i],a[j]);strcpy(a[j],t);}
            puts(a[3]);
}
```

程序运行后的输出结果是_____。

  A．beijing B．china

  C．welcome D．tiananmen

答案：C

解析：本题主要考查 strcmp 函数和 strcpy 函数的使用方法。

a 数组是一个字符串数组，它存放了 5 个字符串。"strcpy(t,a[i]);strcpy(a[i],a[j]);strcpy(a[j],t);"三条语句实现了两个字符串的交换。程序的功能是对 5 个字符串进行两两比较，将较小的字符串放在前面，大的放在后面，最终 5 个字符串按照从小到大的顺序排列。最后的顺序为"beijing""china""tiananmen""welcome""you"，最后输出 a[3]，即"welcome"。

习题

扫码查看答案

一、选择题

1. 在 C 语言中，引用数组元素时数组下标的数据类型允许是（　　）。
   A．整型常量　　　　　　　　　　B．整型表达式
   C．整型常量或整形表达式　　　　D．任何类型的表达式

2. 若有定义：int a[10]，则对数组 a 元素的正确引用是（　　）。
   A．a[10]　　　　B．a[3.5]　　　　C．a(5)　　　　D．a[10-10]

3. 以下能正确定义和初始化一维数组 a 的选项是（　　）。
   A．int a[5]={0,1,2,3,4,5};　　　　B．int a[]="01234";
   C．int a[5]=('a', 'b', 'c', 'd');　　　D．int a[]={1,2,3,4,5};

4. 下列一维数组 a 的定义中正确的是（　　）。
   A．int a(10)　　B．int n=10,a[n];　　C．int n;　　　　　D．#define N 10
   　　　　　　　　　　　　　　　　　　scanf("%d",&n);　　　int a[N];
   　　　　　　　　　　　　　　　　　　int a[n];

5. 以下定义语句中错误的是（　　）。
   A．int x[ ][3]={{0},{1},{1,2,3}};
   B．int x[4][3]={{1,2,3},{1,2,3},{1,2,3},{1,2,3}};
   C．int x[4][]={{1,2,3},{1,2,3},{1,2,3},{1,2,3}};
   D．int x[][3]={1,2,3,4};

6. 若二维数组 a 有 m 列，则在 a[i][j]前的元素个数为（　　）。
   A．j*m+i　　　　B．i*m+j　　　　C．i*m+j-1　　　　D．i*m+j+1

7. 若有说明：int a[3][4]={0};，则下列叙述中正确的是（　　）。
   A．只有元素 a[0][0]可以得到初值 0
   B．此说明语句不正确
   C．数组 a 中各元素都可得到初值，但其值不一定为 0
   D．数组 a 中每个元素均可得到初值 0

8. 若有说明：int a[][3]={1,2,3,4,5,6,7};，则数组 a 第一维大小是（　　）。
   A．2　　　　　　B．3　　　　　　C．4　　　　　　D．无确定值

9. 若有定义：int t[3][2];，则能正确表示 t 数组元素地址的表达式是（　　）。
   A．&t[3][2]　　　B．t[3][2]　　　C．t[1][0]　　　D．t[2]+1

10. 若有声明语句：int a[10],b[3][3];，则以下对数组元素赋值的操作中不会出现越界访问的是（　　）。
    A．a[-1]=1　　　B．a[10]=0　　　C．b[3][0]=0　　　D．b[0][0]=0

11. 若有定义：int a[3][6];，按在内存中的存放顺序，a 数组的第 10 个元素是（　　）。
    A．a[0][4]　　　B．a[1][3]　　　C．a[0][3]　　　D．a[1][4]

12. 阅读下列初始化程序段，描述正确的是（　　）。
    ```
    char a[]="hello";
    ```

```
char b[]={'h','e','l','l','o'};
```

A. a 数组和 b 数组完全相同　　　B. a 数组和 b 数组只是长度相等

C. a 数组比 b 数组短　　　　　　D. a 数组比 b 数组长

13. 有以下程序：

```
#include<stdio.h>
#include<string.h>
int main()
{
    char a[10]="abcd";
    printf("%d,%d\n",strlen(a),sizeof(a));
    return 0;
}
```

程序运行后的输出结果是（　　　）。

A. 7,4　　　　　　B. 4,10　　　　　　C. 8,8　　　　　　D. 10,10

14. 下列程序的运行结果是（　　　）。

```
#include<stdio.h>
#include<string.h>
int main()
{
    char str[]="\t\x42\\bcde\n";
    printf("%d,%d",strlen(str),sizeof(str));
    return 0;
}
```

A. 14,14　　　　　B. 8,8　　　　　　C. 8,9　　　　　　D. 9,9

15. 若 int a[10]={1,2,3,4,5,6,7,8,9,10};char c='a',e;，则数值为 5 的表达式是（　　　）。

A. a[5]　　　　　B. a[e-a]　　　　　C. a['e'-'c']　　　　D. a['e'-c]

16. 执行下列程序，输入为 abcd 时，输出结果是（　　　）。

```
#include<stdio.h>
int main()
{
    char s[20]="123456";
    gets(s);
    printf("%s\n",s);
    return 0;
}
```

A. abcd　　　　　B. abcd56　　　　　C. 123456abcd　　　D. abcd123456

17. 若有定义：int a[2][3]，则对 a 数组第 i 行 j 列元素地址的正确引用为（　　　）。

A. *(a[i]+j)　　　B. (a+i)　　　　　C. *(a+j)　　　　　D. a[i]+j

18. 有以下程序（strcat 函数用以连接两个字符串）：

```
#include<stdio.h>
#include<string.h>
int main()
{
    char a[20]="ABCD\0EFG\0",b[]="IJK";
```

```
        strcat(a,b);
        printf("%s\n",a);
        return 0;
    }
```

程序运行后的输出结果是（　　　）。

A. ABCDE\0FG\0IJK B. ABCDIJK

C. IJK D. EFGIJK

19. 下列程序的输出结果是（　　　）。

```
#include<stdio.h>
int main()
{   int p[8]={11,12,13,14,15,16,17,18},i=0,j=0;
    while(i++<7)
        if(p[i]%2)
            j+=p[i];
            printf("%d\n",j);
}
```

A. 42 B. 45 C. 56 D. 60

20. 下列程序的输出结果是（　　　）。

```
#include<stdio.h>
#include<string.h>
int main()
{   char a[7]="a0\0a0\0";
    int i,j;
    i=sizeof(a);
    j=strlen(a);
    printf("%d %d\n",i,j);
    return 0;
}
```

A. 2 2 B. 7 6 C. 7 2 D. 6 2

21. 设 int i,x[3][3]={1,2,3,4,5,6,7,8,9};，则下列语句：

```
for(i=0;i<3;i++)
    printf("%d",x[i][2-i]);
```

的输出结果是（　　　）。

A. 147 B. 159 C. 357 D. 369

22. 下列程序的运行结果是（　　　）。

```
#include<stdio.h>
int main()
{
    static int a[3][3]={{1,2},{3,4},{5,6}};
    int i,j,s=0;
    for(i=1;i<3;i++)
        for(j=0;j<=i;j++)
            s+=a[i][j];
        printf("%d\n",s);
```

```
       return 0;
   }
```
A. 18   B. 19   C. 20   D. 21

23. 以下程序的输出结果是（   ）。
```
#include<stdio.h>
int main()
{   int b[3][3]={0,1,2,0,1,2,0,1,2},i,j,t=1;
    for(i=0;i<3;i++)
       for(j=i;j<=i;j++)
           t=t+b[j][j];
    printf("%d\n",t);
    return 0;
}
```
A. 3   B. 4   C. 1   D. 9

24. 下面是对 s 的初始化，其中不正确的是（   ）。
    A. char s[5]={"abc"};   B. char s[5]={'a','b','c'};
    C. char s[5]= " ";   D. char s[5]= "abcdef";

25. 以下程序的输出结果是（   ）。
```
#include<stdio.h>
#include<string.h>
int main()
{
    char str[12]={'s','t','r','i','n','g'};
    printf("%d\n",strlen(str));
    return 0;
}
```
A. 6   B. 7   C. 11   D. 12

26. 有定义语句：int b; char c[10];，则正确的输入语句是（   ）。
    A. scanf("%d%s",&b,&c);   B. scanf("%d%s",&b,c);
    C. scanf("%d%s",b,c);   D. scanf("%d%s",b,&c);

27. 有两个字符数组 a 和 b，则以下正确的输入语句是（   ）。
    A. gets(a,b);   B. scanf("%s%s",a,b);
    C. scanf("%s%s",&a,&b);   D. gets("a"),gets("b");

28. 判断字符串 a 和 b 是否相等，应当使用（   ）。
    A. if(a==b)   B. if(a=b)
    C. if(strcpy(a,b))   D. if(strcmp(a,b))

29. 判断字符串 a 是否大于 b，应当使用（   ）。
    A. if(a>b)   B. if(strcmp(a,b))
    C. if(strcmp(b,a)>0)   D. if(strcmp(a,b)>0)

30. 下面有关字符数组的描述中错误的是（   ）。
    A. 字符数组可以存放字符串
    B. 字符串可以整体输入/输出

C．可以在赋值语句中通过赋值运算对字符数组整体赋值

D．不可以用关系运算符对字符数组中的字符串进行比较

31．不能把字符串"Hello!"赋给数组 b 的语句是（　　　）。

A．char b[10]={'H','e','l','l','o','!'};

B．char b[10]; b="Hello!";

C．char b[10]; strcpy(b,"Hello!");

D．char b[10]="Hello!"

32．若要求从键盘读入含有空格字符的字符串，应使用函数（　　　）。

A．getc()　　　　　　B．gets()　　　　　　C．getchar()　　　　　　D．scanf()

33．设有定义：char s[80]; int i=0;，以下不能将一行（不超过 80 个字符）带有空格的字符串正确读入的语句或语句组是（　　　）。

A．gets(s);

B．while((s[i++]=getchar())!='\n');
s[i]='\0';

C．scanf("%s",s);

D．do
{ scanf("%c",&s[i]);
}while(s[i++]!='\n');
s[i]='\0';

二、程序填空题

1．下列程序的功能是求出数组 x 中各相邻两个元素的和依次存放到 a 数组中，然后输出。请在下划线处填入正确的内容。

```c
#include<stdio.h>
int main()
{
    int x[10],a[9],i;
    for(i=0;i<10;i++)
        scanf("%d",_____);
    for(_____;i<10;i++)
        a[i-1]=x[i]+x[i-1];
    for(i=0;i<9;i++)
        printf("%d",_____);
    return 0;
}
```

扫码查看答案

2．以下程序的功能是调用随机函数产生 20 个互不相同的整数放在 a 所指的数组中。请在下划线处填入正确的内容。

```c
#include<stdlib.h>
#include<stdio.h>
#define N 20

int main()
{
    int a[N]={0},i,x,n=0;
```

```
        x=rand()%20;
        while(n<N)
        {
            for(i=0;i<n;i++)
                if(_____) break;
            if(i==n)
                {_____;n++;}
            x=_____;
        }

        printf("The result:\n");
        for(i=0;i<N;i++)
        {
            printf("%4d",a[i]);
            if((i+1)%5==0)printf("\n");
        }
        printf("\n");
        return 0;
    }
```

3．有一整数数组 x（正序排列），判断是否有数组元素 x[i]=i 的情况发生。请在下划线处填入正确的内容。

```
    #include"stdio.h"

    int main()
    {
        int x[] = {-1,0,1,3,5,7,9,10};
        int n = sizeof(x)/sizeof(int);
        int answer=-1,i,first = 0,last = n-1,middle;

        printf("Given Array:");
        for(i = 0;i < n;i++)
            printf("%5d",x[i]);

        while(first <= last)    //二分查找
        {
            middle = (first + last) / 2;
            if(middle==x[middle])
            {
                _____;
                break;
            }
            else if(middle<x[middle])
                    _____;
            else
                    _____;
        }

        if(answer >= 0)
          printf("\nYES,x[%d] = %d has been found.",answer,answer);
```

```
        else
            printf("\nNO,there is no element with x[i] = i");
        return 0;
    }
```

4. 将 a 数组前半部分元素中的值和后半部分元素中的值对换，若数组元素的个数为奇数则中间的元素不动。例如，若 a 所指数组中的数据依次为 1、2、3、4、5、6、7、8、9，则调换后为 6、7、8、9、5、1、2、3、4。请在下划线处填入正确的内容。

```
#include<stdio.h>
#define N 9

int main()
{
    int a[N]={1,2,3,4,5,6,7,8,9};
    int i,t,p;
    printf("\nThe original data:\n");
    for(i=0;i<N;i++)
        printf("%3d",a[i]);
    printf("\n");
    p =(N%2==0)?N/2:N/2+1;
    for(i=0; ____ ;i++)
    {
        t=_____;
        a[i]= _____ ;
        _____ =t;
    }
    printf("\nThe data after moving:\n");
    for(i=0;i<N;i++)
        printf("%3d",a[i]);
    printf("\n");
    return 0;
}
```

5. 有 N×N 矩阵，以主对角线为对称线，对称元素相加并将结果存放在左下三角元素中，右上三角元素置为 0。例如，若 N=3，有下列矩阵：

$$
\begin{array}{ccc}
1 & 2 & 3 \\
4 & 5 & 6 \\
7 & 8 & 9
\end{array}
$$

计算结果为

$$
\begin{array}{ccc}
1 & 0 & 0 \\
6 & 5 & 0 \\
10 & 14 & 9
\end{array}
$$

请在下划线处填入正确的内容，使程序输出正确的结果。

```
#include<stdio.h>
#define N 4

int main()
```

```
{
    int t[][N]={21,12,13,24,25,16,47,38,29,11,32,54,42,21,33,10};
    int i,j;
    printf("\nThe original array:\n");
    for(i=0;i<N;i++)
    {
        for(j=0;j<N;j++)
            printf("%2d",t[i][j]);
        printf("\n");
    }
     for(i=1;i<N;i++)
    {
        for(j=0; _____;j++)
        {
            t[i][j]=_____;
            t[j][i]=_____;
        }
    }
     printf("\nThe result is:\n");
     for(i=0;i<N;i++)
    {
        for(j=0;j<N;j++)
            printf("%2d",t[i][j]);
        printf("\n");
    }
    return 0;
}
```

6. 找出 N×N 矩阵每列元素中的最大值，并按顺序依次存放在一维数组中。请在下划线处填入正确的内容，使程序输出正确的结果。

```
#include<stdio.h>
#define N 4

int main()
{
    int x[N][N]={{12,5,8,7},{6,1,9,3},{1,2,3,4},{2,8,4,3}};
    int y[N],i,j;
    printf("\nThe matrix:\n");
    for(i=0;i<N;i++)
    {
        for(j=0;j<N;j++)
            printf("%4d",x[i][j]);
        printf("\n");
    }

    for(i=0;i<N;i++)
    {
        y[i]=_____;
        for(j=1;j<N;j++)
```

```
            if(y[i]< _____)
                y[i]=_____;
        }
    printf("\nThe result is:");
    for(i=0;i<N;i++)
        printf("%3d",y[i]);
    printf("\n");
    return 0;
}
```

7. 在 3×4 的矩阵中找出在行上最大、在列上最小的那个元素，若没有符合条件的元素则输出相应信息。例如，有下列矩阵：

$$\begin{array}{cccc} 1 & 2 & 13 & 4 \\ 7 & 8 & 10 & 6 \\ 3 & 5 & 9 & 7 \end{array}$$

程序执行结果为"find：a[2][2]=9"，请在下划线处填入正确的内容。

```
#include<stdio.h>
#include<stdlib.h>
#include<time.h>
#define M 3
#define N 4

int main()
{
    int a[M][N],i,j;
    int find=0,rmax,c,k;
    srand(time(NULL));
    printf("The array:\n");
    for(i=0;i<M;i++)
    {
        for(j=0;j<N;j++)
        {
            a[i][j]=rand()%98+1;
            printf("%3d",a[i][j]);
        }
        printf("\n\n");
    }
    i=0;
    while((i<M)&&(!find))
    {
        rmax=a[i][0];c=0;
        for(j=1;j<N;j++)
            if(rmax<a[i][j])
            { _____;_____ ;}      //找出行最大元素，并把列数赋予 c
        find=1;k=0;     //设置标志位 find
        while(k<M && find)
```

```
        {
            if(k!=i && _____)  find= 0;        //不是这一列最小
            k++;
        }
        if(find) printf("find:a[%d][%d]=%d\n",i,c,a[i][c]);
        i++;        //下一次循环
    }
    if(!find) printf("not found!\n");
    return 0;
}
```

8. 以下程序的功能是：从键盘上输入若干学生的成绩，计算出平均成绩并输出低于平均分的学生成绩，用输入负数结束输入。请在下划线处填入正确的内容。

```
#include<stdio.h>
int main()
{
    float x[1000],sum=0.0,ave,a;
    int n=0,i;
    printf("Enter mark: \n");scanf("%f",&a);
    while(a>=0.0&& n<1000)
    {
        sum+_____;
        x[n]=_____;
        n++;
        scanf("%f",&a);
    }
    ave=_____;
    printf("Output: \n");
    printf("ave=%f\n",ave);
    for(i=0;i<n;i++)
        if(_____)
            printf ("%f\n",x[i]);
    return 0;
}
```

9. 下面程序用"插入法"对数组 a 进行由小到大的排序，请在下划线处填入正确的内容。

```
#include<stdio.h>
int main()
{
    int a[10]={191,3,6,4,11,7,25,13,89,10};
    int i,j,k;
    for(i=1;i<10;i++)
    {
        k=a[i];
        j= _____;
        while(j>=0&&k<a[j])
        {
            _____;
```

```
            j--;
        }
        _____;
    }
    for(i=0;i<10;i++)
        printf("%d",a[i]);
    printf("\n");
    return 0;
}
```

10. 下面程序将十进制整数 n 换成 base 进制，请在下划线处填入正确的内容。

```
#include<stdio.h>
int main()
{   int i=0,base,n,j,num[20];
    printf("Please enter a decimal number:");
    scanf("%d",&n);
    printf("Please enter the base to be converted:");
    scanf("%d",&base);
    do{
        i++;
        num[i]=_____;
        n= _____;
    }while (n!=0);
    for(j=i;_____;  j--)
        printf("%d",num[j]);
    return 0;
}
```

11. 下面程序的功能是输入 10 个数，找出最大值和最小值所在的位置，并把两者对调，然后输出调整后的 10 个数。请在下划线处填入正确的内容。

```
#include<stdio.h>
int main()
{
    int a[10],max,min,i,j,k;
    for(i=0;i<10;i++)
        scanf("%d",&a[i]);
    max=min=a[0];
    j=k=0;
    for(i=1;i<10;i++)
    {
        if(a[i]<min)
        {   min=a[i];
            _____;}
        if(a[i]>max)
        {   max=a[i];
            _____;
        }
    }
```

```
        a[j]=_____;
        a[k]=_____;
        for(i=0;i<10;i++)
            printf("%d",a[i]);
        return 0;
    }
```

12. 下面程序用"两路合并法"把两个已按升序（由小到大）排列的数组合并成一个新的升序数组，请在下划线处填入正确的内容。

```
    #include<stdio.h>
    int main()
    {
        int a[3]={5,9,18};
        int b[5]={12,24,26,37,48};
        int c[10],i=0,j=0,k=0;
        while(i<3&&j<5)
        {
            if(_____)
            {
                c[k]=b[j];
                k++;
                j++;
            }
            else
            {
                c[k]=a[i];
                k++;
                i++;
            }
        }
        while(_____)
        {
            c[k]=a[i];
            i++;
            k++;
        }
        while(_____)
        {
            c[k]=b[j];
            j++;
            k++;
        }
        for(i=0;i<k;i++)
            printf("%d",c[i]);
        return 0;
    }
```

13. 以下程序按下面指定的数据给 x 数组的下三角置数，并按如下形式输出：

```
4
3    7
2    6    9
1    5    8    10
```

请在下划线处填入正确的内容。

```c
#include<stdio.h>
int main()
{
    int x[4][4],n=0,i,j;
    for(j=0;j<4;j++)
        for(i=3;i>=j;_____)
        {
            n++;
            x[i][j]= _____;
        }
    for(i=0;i<4;i++)
    {
        for(j=0;j<=i;j++)
            printf("%3d",x[i][j]);
        printf("\n");
    }
    return 0;
}
```

14. 找出形参 s 所指字符串中出现频率最高的字母（不区分大小写），并统计其出现的次数。例如，形参 s 所指的字符串为"abcAbsmaxless"，程序执行后的输出结果为：

```
letter  'a': 3 times
letter  's': 3 times
```

请在下划线处填入正确的内容。

```c
#include<stdio.h>
#include<string.h>

int main()
{
    char s[81],ch;
    int k[26]={0},n,i,max=0;

    printf("Enter a string:");
    gets(s);

    i=0;
    while(s[i])
    {
        if(isalpha(s[i]))          //判断s[i]是否为字母
        {
            ch=tolower(s[i]);      //将s[i]转换为小写字母
            n=ch-'a';
```

```
            k[n]=_____;
        }
        i++;
        if(max<k[n])
            _____;
    }

    printf("After count:\n");
    for(i=0;i<26;i++)
        if(k[i]==max)
            printf("\nletter  \'%c\':%d times\n",i+'a',k[i]);
    return 0;
}
```

15. 删除字符串中的指定字符，字符串和要删除的字符均由键盘输入。请在下划线处填入正确的内容。

```
#include<stdio.h>
int main()
{
    char str[80],ch;
    int i,k=0;

    gets(str);
    ch=getchar();

    for(i=0;_____;i++)
        if(str[i]!=ch)
        {
            str[k]=_____;
            k++;
        }

    str[k]='\0';
    puts(_____);
    return 0;
}
```

三、程序设计题

1. 从键盘输入 5 个整数，编写一个程序，使该数组中的元素按照从小到大的次序排列，用冒泡排序算法实现。

2. 从键盘输入 5 个整数，编写一个程序，使该数组中的元素按照从小到大的次序排列，用选择排序算法实现。

扫码查看答案

3. 已有一个按升序排好的整型数组，要求输入一个数后按原来排序的规律将它插入数组中。编写一个程序实现。

4. 已有一个按升序排好的整型数组，要求输入一个数，查找数组中是否有此数；若有，将其删除；若没有，输出"Not exists!"。编写一个程序实现。

5. 编写一个程序，计算 5×5 的矩阵中主对角线元素之和。

$$a = \begin{bmatrix} 0 & 1 & 2 & 3 & 4 \\ 5 & 6 & 7 & 8 & 9 \\ 10 & 11 & 12 & 13 & 14 \\ 15 & 16 & 17 & 18 & 19 \\ 20 & 21 & 22 & 23 & 24 \end{bmatrix}$$

例如：a =

其主对角线之和为 60。

6. 编写一个程序，计算 5×5 的矩阵中下三角元素之和。下三角元素就是主对角线以下（含主对角线）的元素。

7. 编写一个程序，查找二维数组 a[3][4]中的最大值及其下标并输出。

8. 有 10 位同学参加了 3 门课程的考试，他们的成绩存放在数组 score[3][10]中，数组每一行存放的是一门课程所有同学的成绩。编写一个程序，找出每门课程的最高分并输出。

9. 编写一个程序，将两个字符串连接起来。不能使用 strcat 函数。

10. 编写一个程序，计算字符串的长度。不能使用 strlen 函数。

11. 编写一个程序，判断一个字符串是否为回文。回文就是顺读和逆读都相同，如字符串"abcba"就是回文。

12. 输入一个字符串，以'#'结束，统计输入的字符串中每个大写字母的个数，存放在 num 数组中（其中 num[0]存放字母 A 出现的次数，num[1]存放字母 B 出现的次数，依此类推），然后输出字符串中出现频率最高的大写字母及其出现次数。编写一个程序实现。

第 7 章 函数

✅ 经典试题解析

【试题 1】C 语言主要借助_____来实现程序模块化。
   A．定义函数   B．定义常量和外部变量
   C．三种基本结构语句   D．丰富的数据类型
答案：A
解析：C 语言是模块化的程序设计语言，C 程序的模块化主要通过函数来实现。

【试题 2】以下选项中关于程序模块化的叙述中错误的是_____。
   A．把程序分成若干相对独立的模块，可便于编码和调试
   B．把程序分成若干相对独立、功能单一的模块，可便于重复使用这些模块
   C．可采用自底向上、逐步细化的设计方法把若干独立模块组装成所要求的程序
   D．可采用自顶向下、逐步细化的设计方法把若干独立模块组装成所要求的程序
答案：C
解析：模块化程序设计是采用自顶向下、逐步细化的方法。

【试题 3】在 C 语言程序中，若函数无返回值，则应该对函数说明的类型是_____。
   A．int   B．double   C．char   D．void
答案：D
解析：void 类型的函数无返回值。

【试题 4】以下叙述中错误的是_____。
   A．用户定义的函数中可以没有 return 语句
   B．用户定义的函数中可以有多个 return 语句，以便可以调用一次返回多个函数值
   C．用户定义的函数中若没有 return 语句，则应当定义函数为 void 类型
   D．函数的 return 语句中可以没有表达式
答案：B
解析：本题主要考查函数的 return 语句。

用户定义的函数可以有 return 语句也可以没有 return 语句。如果没有 return 语句，定义函数类型为 void 类型。如果指定函数返回值类型，则必须有一个返回语句。在一个函数内，也可以根据需要在多处出现 return 语句，但无论函数体内有多少个 return 语句，只能根据不同情况执行一条 return 语句，返回一个函数值。

【试题 5】在 C 语言程序中，下列说法中正确的是_____。
   A．函数的定义可以嵌套，但函数的调用不可以嵌套
   B．函数的定义不可以嵌套，但函数的调用可以嵌套
   C．函数的定义和调用均不可以嵌套
   D．函数的定义和调用均可以嵌套

答案：B

解析： 本题主要考查函数嵌套问题。C语言规定，不能在函数的内部定义函数，但函数的调用可以嵌套。

【试题6】 有以下程序：

```
#include<stdio.h>
double f(double x);
int main()
{
    double a=0;
    int i;
    for(i=0;i<30;i+=10)  a+=f((double)i);
    printf("%5.0f\n",a);
    return 0;
}
double f(double x)
{
    return x*x+1;
}
```

程序运行后的输出结果是_____。

    A. 503   B. 401   C. 500   D. 1404

答案：A

解析： 本题主要考查函数的调用。main函数中使用循环语句将3次调用f函数的结果累加放入变量a中。函数的实参为"(double)i"，即将i的值强制类型转换为double型。

（1）i=0时，f((double)i)=f(0)=1，a=1。

（2）i=10时，f((double)i)=f(10)=101，a=102。

（3）i=20时，f((double)i)=f(20)=401，a=503。循环结束。

【试题7】 有以下程序：

```
#include<stdio.h>
int f(int x);
int main()
{
    int a,b=0;
    for(a=0;a<3;a++)
    {b=b+f(a);putchar('A'+b);}
    return 0;
}
int f(int x)
{
    return x*x+1;
}
```

程序运行后的输出结果是_____。

    A. ABE   B. BDI   C. BCF   D. BCD

答案：B

解析：本题主要考查函数的调用。

main 函数调用 f 函数时：

（1）a=0 时，b=b+f(a)=0+f(0)=0+1=1，输出'B'。

（2）a=1 时，b=b+f(a)=1+f(1)=1+2=3，输出'D'。

（3）a=2 时，b=b+f(a)=3+f(2)=3+5=8，输出'I'。

【试题 8】下面的函数调用语句中 func 函数的实参个数是_____。

```
func(f2(v1,v2),(v3,v4,v5),(v6,max(v7,v8)));
```

A．3　　　　　　　B．4　　　　　　　C．5　　　　　　　D．8

答案：A

解析：本题主要考查函数调用时的实参。函数调用中，实参有多个时，实参之间用逗号分隔。本题中的实参有 3 个：f2(v1,v2)、(v3,v4,v5)、(v6,max(v7,v8))。其中，f2(v1,v2)是函数作为参数，(v3,v4,v5)和(v6,max(v7,v8))是逗号表达式作为参数。

【试题 9】有以下程序：

```
#include<stdio.h>
int fun(int x,int y)
{
    if(x==y)  return(x);
    else  return((x+y)/2);
}
int main()
{
    int a=4,b=5,c=6;
    printf("%d\n",fun(2*a,fun(b,c)));
    return 0;
}
```

程序运行后的输出结果是_____。

A．3　　　　　　　B．6　　　　　　　C．8　　　　　　　D．12

答案：B

解析：本题主要考查函数调用及函数调用的返回值作为实参。

main 函数中输出表达式 "fun(2*a ,fun(b,c))" 的值，这是一个函数调用的结果，其中第二个参数是函数调用作为另一个函数的实参。

首先计算 fun(b,c)，结果为 5，这里要注意的是，因为 fun 函数的返回值是 int 型，int 型做除法运算时保留整数，所以(5+6)/2=5.5，保留整数为 5。表达式 "fun(2*a,fun(b,c))" 即为计算 fun(2*4,5)=6。

【试题 10】有以下程序：

```
#include<stdio.h>
void fun(int p)
{
    int d=2;
    p=d++;
    printf("%d",p);
}
```

```
int main()
{
    int a=1;
    fun(a);
    printf("%d\n",a);
    return 0;
}
```

程序运行后的输出结果是_____。

  A. 32   B. 12   C. 21   D. 22

答案：C

解析：本题主要考查简单变量作函数参数时数据的传递。

简单变量作为参数时，实参与形参之间的数据传递是值传递，即实参将数值拷贝给形参，但是形参不会将变化后的数值再回传给实参。

main 函数中函数调用语句"fun(a);"将 a 的值 1 传递给形参 p，在 fun 函数中对 p 进行修改，p 为 2，输出 2，此时 main 函数中变量 a 的值不变。函数调用结束后返回到 main 函数中调用的位置，输出 a 的值，输出 1。

【试题 11】有以下程序：

```
#include<stdio.h>
int f(int x);
int main()
{
    int n=1,m;
    m=f(f(f(n)));
    printf("%d\n",m);
    return 0;
}
int f(int x)
{
    return x*2;
}
```

程序运行后的输出结果是_____。

  A. 1   B. 2   C. 4   D. 8

答案：D

解析：本题主要考查函数调用及函数调用的返回值作为实参。"m=f(f(f(n)));"语句相当于 m=f(f(f(1)))=f(f(2))=f(4)=8。

【试题 12】有以下程序：

```
#include<stdio.h>
int fun(int n)
{
    if(n)  return fun(n-1)+n;
    else return 0;
}
int main()
```

```
    {
        printf("%d\n",fun(3));return 0;
    }
```

程序的运行结果是＿＿＿＿。

　A．4　　　　　　　B．5　　　　　　　C．6　　　　　　　D．7

答案：C

解析：本题主要考查函数的递归调用。main 函数中调用 fun(3)，而 fun(3)=fun(2)+3，fun(2)=fun(1)+2，fun(1)=fun(0)+1，fun(0)=0。因此 fun(1)=fun(0)+1=0+1=1，fun(2)=fun(1)+2=1+2=3，fun(3)=fun(2)+3=3+3=6。因此输出 6。

【试题 13】有以下程序：

```
#include<stdio.h>
void fun(int x)
{
    if(x/2>1)  fun(x/2);
    printf("%d",x);
}
int main()
{
    fun(7);
    printf("\n");
    return 0;
}
```

程序运行后的结果是＿＿＿＿。

　A．1 3 7　　　　B．7 3 1　　　　C．7 3　　　　D．3 7

答案：D

解析：本题主要考查函数的递归调用。

main 函数中调用 fun(7)，由于 x/2=3，if 条件表达式为真，调用 fun(3)，而 x/2=1，if 条件表达式不成立，输出 3；fun(3)调用结束后又回到 fun(7)，此时输出 7。因此程序输出"3 7"。

【试题 14】设有如下函数定义：

```
int fun(int k)
{
    if(k<1)  return 0;
    else if(k==1)  return 1;
    else  return fun(k-1)+1;
}
```

若执行调用语句：n=fun(3);，则函数 fun 总共被调用的次数是＿＿＿＿。

　A．2　　　　　　　B．3　　　　　　　C．4　　　　　　　D．5

答案：B

解析：本题主要考查函数的递归调用。

执行"n=fun(3);"语句时，返回 fun(3-1)+1，即 fun(2)+1；执行 fun(2)时返回 fun(2-1)+1，即 fun(1)+1；执行 fun(1)时会返回 1，所以 fun 函数总共被调用 3 次。

【试题 15】fun 函数的功能是通过键盘输入给 x 所指的整型数组的所有元素赋值。在下划线处应该填写的是_____。

```
#include<stdio.h>
#define N 5
void fun(int x[N])
{
    int m;
    for(m=N-1;m>=0;m--)
        scanf("%d\n",_____);
}
```

　　A．&x[++m]　　　B．&x[m + 1]　　　C．x+(m++)　　　D．x+m

答案：D

解析：本题主要考查一维数组元素地址的表示方式。

（1）选项 A 和 B 中，第一次循环时 m 值为 N-1，"&x[++m]"相当于&x[N]，"&x[m+1]"相当于&x[N]，下标都越界。

（2）选项 C 中，表达式"x+(m++)"中的"m++"与 for 语句的表达式"m--"运算作用抵消，因此反复给 x[N-1]赋值，是死循环。

（3）选项 D 中，第一次循环时 m 值为 N-1，"x+m"相当于&x[N-1]；第二次循环时 m 值为 N-2，相当于&x[N-2]，……，最后一次循环时 m 值为 0，"x+m"相当于&x[0]。选项 D 符合要求。

【试题 16】 以下函数的功能是通过键盘输入数据，为数组中的所有元素赋值。

```
#include<stdio.h>
#define N 10
void fun(int x[N])
{
    int i=0;
    while(i<N)  scanf("%d",_____);
}
```

在下划线处应该填写的是_____。

　　A．x+i　　　　　B．&x[i+1]　　　C．x+(i++)　　　D．&x[++i]

答案：C

解析：本题主要考查一维数组元素的引用。

选项 A 和选项 C 中，数组名 x 表示的是数组首元素即 x[0]的地址，选项 A 中的"x+i"表示&x[i]，选项 C 表示&x[i++]。

（1）将选项 A 的内容带入程序中的空缺处，表示对 x[0]赋值，但是 i 的值没有变化，导致循环无法终止，也不能为其他的元素赋值。

（2）将选项 B 的内容带入程序中的空缺处，表示对 x[1]赋值，和选项 A 一样，i 的值没有变化，不能为其他的元素赋值。

（3）将选项 C 的内容带入程序中的空缺处，由于 i 的值由 0 变化到 N-1，表示对 x[0]～x[N-1]赋值，满足题目要求。

（4）将选项 D 的内容带入程序中的空缺处，由于"++i"的性质导致没有为 x[0]赋值，同时 i＝N-1 时表示的是 x[N]，此时数组下标越界。

【试题 17】有以下程序：

```c
#include<stdio.h>
#define N 4
void fun(int a[][N],int b[])
{
    int i;
    for(i=0;i<N;i++)  b[i]=a[i][i]-a[i][N-1-i];
}
int main()
{
    int x[N][N]={{1,2,3,4},{5,6,7,8},{9,10,11,12},{13,14,15,16}};
    int y[N],i;
    fun(x,y);
    for(i=0;i<N;i++)  printf("%d,",y[i]);
    printf("\n");
    return 0;
}
```

程序运行后的输出结果是_____。

    A．12,-3,0,0,   B．-3,-1,1,3,   C．0,1,2,3,   D．-3,-3,-3,-3,

答案：B

解析：本题主要考查二维数组和函数。

main 函数中调用 fun 函数将 x 数组的地址传给 a，将 y 数组的地址传给 b，那么在 fun 函数中对 a、b 指向的存储单元的操作相当于对数组 x、y 中元素的操作。

（1）i=0 时，y[0]=x[0][0]-x[0][3]=1-4=-3。

（2）i=1 时，y[1]=x[1][1]-x[1][2]=6-7=-1。

（3）i=2 时，y[2]=x[2][2]-x[2][1]=11-10=1。

（4）i=3 时，y[3]=x[3][3]-x[3][0]=16-13=3。

fun 函数调用结束后，在 main 函数中输出 y 数组中元素的值，为"-3,-1,1,3,"。

【试题 18】有以下程序：

```c
#include<stdio.h>
void fun(int a[],int n)
{
    int i,t;
    for(i=0;i<n/2;i++)
    {t=a[i];a[i]=a[n-1-i];a[n-1-i]=t;}
}
int main()
{
    int k[10]={1,2,3,4,5,6,7,8,9,10},i;
    fun(k,5);
    for(i=2;i<8;i++) printf("%d",k[i]);
    printf("\n");
    return 0;
}
```

程序的运行结果是＿＿＿＿。

　　A．3456787　　　　　B．876543　　　　C．1098765　　　　　D．321678

答案： D

解析： 本题主要考查数组名作函数参数时数据的传递。

　　（1）一维数组名作为实参传递时，数组名本身是一个地址，形参相当于指针变量来接收实参提供的地址。

　　（2）程序中 k 数组的首元素地址作为实参传递给形参，在被调用函数中可以利用形参 a 访问 main 函数中的数组 k。

　　（3）fun 函数的作用是将形参指向的数组中前 n 个元素进行逆转，fun(k,5)的结果是 k 数组的前 5 个元素 1、2、3、4、5 变为 5、4、3、2、1。置换后，输出数组中下标为 2～7 的 6 个元素。

【试题 19】 有以下程序：

```
#include<stdio.h>
#define N 4
void fun(int a[][N],int b[])
{
    int i;
    for(i=0;i<N;i++)  b[i]=a[i][N-1-i];
}
int main()
{
    int x[N][N]={1,2,3,4,5,6,7,8,9,10,11,12,13,14,15,16},y[N],i;
    fun(x,y);
    for(i=0;i<N;i++)  printf("%d,",y[i]);
    printf("\n");
    return 0;
}
```

程序的运行结果是＿＿＿＿。

　　A．1,2,3,4,　　　　B．3,6,9,12,　　　C．4,7,10,13,　　　　D．1,5,9,13,

答案： C

解析： 本题主要考查数组名作函数参数时的函数调用情况。

调用 fun 函数时，形参 a 指向 x 数组，形参 b 指向 y 数组。执行 fun 函数内部的语句：

　　（1）i=0 时，y[0]=x[0][3]=4。

　　（2）i=1 时，y[1]=x[1][2]=7。

　　（3）i=2 时，y[2]=x[2][1]=10。

　　（4）i=3 时，y[3]=x[3][0]=13。

因此 y 数组中的元素是 "4,7,10,13"。

【试题 20】 fun 函数的功能是通过键盘输入给 x 所指的整型数组的所有元素赋值，在下划线处应该填写的是＿＿＿＿。

```
#include<stdio.h>
#define N 5
void fun(int x[N])
```

```
{
    int m;
    for(m=N-1;m>=0;m--)  scanf("%d\n",_____) ;
}
```

A．&x[++m]　　　B．&x[m+1]　　　C．x+(m++)　　　D．x+m

答案：D

解析：本题主要考查一维数组元素的引用。

（1）将选项 A 的内容带入程序中的空缺处，表示对 x[N]赋值，显然数组下标越界，同时反复给 x[N]赋值，循环无法结束。

（2）将选项 B 的内容带入程序中的空缺处，表示从 x[N]开始赋值，数组下标越界；最后一次循环时 m=0，此时给 x[1]赋值，x[0]没有被赋值。

（3）将选项 C 的内容带入程序中的空缺处，和选项 A 作用相同。

（4）将选项 D 的内容带入程序中的空缺处，m 值从 N-1 变化到 0，表示从 x[N-1]逐个元素赋值，一直到给 x[0]赋值，满足题目要求。

【试题 21】有以下程序：

```
#include<stdio.h>
#define N 3
void fun(int a[][N],int b[])
{
    int i,j;
    for(i=0;i<N;i++)
    {   b[i]=a[i][0];
        for(j=1;j<N;j++)
            if(b[i]<a[i][j])  b[i]=a[i][j];
    }
}
int main()
{
    int x[N][N]={1,2,3,4,5,6,7,8,9},y[N],i;
    fun(x,y);
    for(i=0;i<N;i++)  printf("%d,",y[i]);
    printf("\n");
    return 0;
}
```

程序运行后的输出结果是_____。

A．2,4,8,　　　B．3,6,9,　　　C．3,5,7,　　　D．1,3,5,

答案：B

解析：本题主要考查二维数组和函数。

main 函数中调用 fun 函数将 x 数组的地址传给 a，将 y 数组的地址传给 b，那么在 fun 函数中对 a、b 指向的存储单元的操作相当于对数组 x、y 中元素的操作。执行 fun 函数内部的语句时，首先将 x[i][0]赋值给 y[i]，然后执行内层循环，作用是找 x[i][0]～x[i][N-1]中的最大值，将这个最大值放在 y[i]中。经过这个嵌套循环后 y[i]中存放的是 x 数组每一行的最大值。

（1）i=0 时，y[0]=x[0][2]=3。

（2）i=1 时，y[1]=x[1][2]=6。

（3）i=2 时，y[2]=x[2][2]=9。

fun 函数调用结束后，在 main 函数中输出 y 数组中元素的值，为 "3,6,9,"。

【试题 22】若主函数中有定义语句：int a[10] ,b[10],c;，在主函数前定义的 fun 函数首部为 void fun(int x[])，则以下选项中错误的调用语句是_____。

　　　A．fun(b);　　　　　B．fun(&c);　　　　　C．fun(&a[3]);　　　　　D．fun(b[11]);

答案： D

解析：本题主要考查数组作为函数参数时的实参类型。

数组作为函数的形参时，实际表示的是地址，选项 A、B、C 都正确，选项 D 不能表示。

【试题 23】有以下程序：

```c
#include<stdio.h>
void fun(char c)
{
    if(c>'x')  fun(c-1);
    printf("%c",c);
}
int main()
{
    fun('z');
}
```

程序运行后的输出结果是_____。

　　　A．xyz　　　　　　　B．wxyz　　　　　　　C．zyxw　　　　　　　D．zyx

答案： A

解析：本题主要考查函数的递归调用。

main 函数中执行函数调用语句 "fun('z');" 时，会先调用 fun('y')；调用 fun('y')时，会先调用 fun('x')，输出 "x"；fun('x')调用结束后又回到 fun('y')，输出 "y"；fun('y')调用结束后又回到 fun('z')，输出 "z"。因此最后输出 "xyz"。

【试题 24】设函数中有整型变量 n，为保证其在未赋值的情况下初值为 0，应选择的存储类型是_____。

　　　A．auto　　　　　　B．register　　　　　C．static　　　　　　　D．auto 或 register

答案： C

解析：本题主要考查各存储类型变量的默认值。静态存储类型的整型变量默认初始化为 0，故选项 C 的叙述正确，其他选项的存储类型不能满足题目要求。

【试题 25】以下选项中叙述错误的是_____。

　　　A．C 程序函数中定义的赋有初值的静态变量，每调用一次函数，赋一次初值

　　　B．在 C 程序的同一函数中，各复合语句内可以定义变量，其作用域仅限本复合语句内

　　　C．C 程序函数中定义的自动变量系统不自动赋确定的初值

　　　D．C 程序函数的形参不可以说明为 static 型变量

答案： A

解析：本题主要考查各存储类型的变量。静态局部变量在程序中只赋值一次，每次调用含有该变量的函数时该变量取上一次函数结束时的值。故选项 A 的叙述错误，选项 B、C、D 的叙述均正确。

【试题 26】有以下程序：

```c
#include<stdio.h>
int fun()
{
    static int x=1;
    x+=1;
    return x;
}
int main()
{
    int i,s=1;
    for(i=1;i<=5;i++)  s+=fun();
    printf("%d\n",s);
}
```

程序运行后的结果是_____。

A. 11　　　　　　B. 21　　　　　　C. 6　　　　　　D. 120

答案：B

解析：本题主要考查静态局部变量的使用。

（1）第 1 次调用 fun 函数时，s=s+fun()=1+(x+1)=1+2=3。

（2）第 2 次调用 fun 函数时，fun 函数中的静态局部变量 x 值为上次函数调用的结果 2，因此 s=s+fun()=3+(x+1)=3+3=6。

（3）第 3 次调用 fun 函数时，fun 函数中的静态局部变量 x=3，因此 s=s+fun()=6+(x+1)=6+4=10。

（4）第 4 次调用 fun 函数时，fun 函数中的静态局部变量 x=4，因此 s=s+fun()=10+(x+1)=10+5 =15。

（5）第 5 次调用 fun 函数时，fun 函数中的静态局部变量 x=5，因此 s=s+fun()=15+(x+1)=15+6 =21。程序输出 21。

【试题 27】有以下程序：

```c
#include<stdio.h>
void fun(int n)
{
    static int num=1;
    num=num+n;
    printf("%d",num);
}
int main()
{
    fun(3);
    fun(4);
    printf("\n");
}
```

程序运行后的输出结果是_____。

    A．4 8   B．3 4   C．3 5   D．4 5

答案： A

解析： 本题主要考查静态局部变量的使用。

（1）第 1 次调用 func 函数时，num=1+3=4，输出 4，此处 num 是静态局部变量，第 1 次调用完之后的数值并不会被释放。

（2）第 2 次调用 func 函数时，num 仍保持值为上次函数调用的结果，即 4，故 num=4+4=8。输出 8。

【试题 28】 以下函数的功能是计算 a 的 n 次方作为函数值返回。

```
double fun(double a,int n)
{
    int i;double s=1.0;
    for(i=1;i<=n;i++)  s=____;
    return s;
}
```

为实现上述功能，下划线处应填入的是_____。

    A．s*i   B．s*a   C．s+i*i   D．s+a*a

答案： B

解析： 本题考查 for 循环语句的一般用法。

（1）i=1 时，s=s*a=a。

（2）i=2 时，s=s*a=a*a=a2。

（3）i=n 时，s=s*a=an，最后返回 s。

 习题

一、选择题

1．C 语言规定：函数返回值类型由（　　）。

    A．return 语句中的表达式类型决定

    B．调用该函数时的主调函数类型决定

    C．调用该函数时系统临时决定

    D．定义该函数时所指定的函数类型决定

扫码查看答案

2．有函数调用语句 func(rec1,rec2+rec3,(rec4,rec5));，该函数调用语句中含有的实参个数是（　　）。

    A．3   B．4   C．5   D．有语法错

3．以下对 C 语言函数的有关描述中正确的是（　　）。

    A．在 C 中，调用函数时，只能把实参的值传送给形参，形参的值不能传送给实参

    B．C 函数既可以嵌套定义又可以递归调用

    C．函数必须有返回值，否则不能使用函数

    D．C 程序中有调用关系的所有函数必须放在同一个源程序文件中

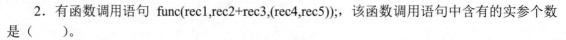

4. 若函数调用时的实参为变量时，下列关于函数形参和实参的叙述中正确的是（　　）。

    A. 函数的实参和其对应的形参共占同一存储单元

    B. 形参只是形式上的存在，不占用具体存储单元

    C. 同名的实参和形参共占同一存储单元

    D. 函数的形参和实参分别占用不同的存储单元

5. 以下说法中不正确的是（　　）。

    A. 在不同函数中可以使用相同名字的变量

    B. 形式参数是局部变量

    C. 在函数内定义的变量只在本函数范围内有效

    D. 在函数内的复合语句中定义的变量在本函数范围内有效

6. 凡是函数中未指定存储类型的局部变量，其隐含的存储类型为（　　）。

    A. 自动（auto）   B. 静态（static）

    C. 外部（extern）   D. 寄存器（register）

7. 当调用函数时实参是一个数组名，则向函数传递的是（　　）。

    A. 数组的长度   B. 数组每个元素的地址

    C. 数组的首地址   D. 数组每个元素中的值

8. 以下函数值的类型是（　　）。

```c
fun(float x)
{
    float y;
    y=3*x-4;
    return y;
}
```

    A. int   B. 不确定   C. void   D. float

9. 下列程序的运行结果是（　　）。

```c
#include<stdio.h>
void f(int x,int y)
{
    int t;
    if(x<y)   {t=x;x=y;y=t;}
}
int main()
{
    int a=4,b=3,c=5;
    f(a,b);f(a,c);f(b,c);
    printf("%d,%d,%d\n",a,b,c);
    return 0;
}
```

    A. 3,4,5   B. 5,3,4   C. 5,4,3   D. 4,3,5

10. 有以下函数：

```c
#include<stdio.h>
void func(int n)
```

```
    {
        int i;
        for(i=0;i<=n;i++)  printf("*");
        printf("#");
    }
    int main()
    {
        func(3);printf("????");
        func(4);printf("\n");
        return 0;
    }
```

程序运行后的输出结果是（　　　）。

A. ****#????*** #　　　　　　B. ***#????*****#

C. **#????*****#　　　　　　D. ****#????*****#

11. 有以下程序：

```
    #include<stdio.h>
    int f(int x,int y)
    {
        return((y-x)*x);
    }
    int main()
    {
        int a=3,b=4,c=5,d;
        d=f(f(a,b),f(a,c));
        printf("%d\n",d) ;
        return 0;
    }
```

程序运行后的输出结果是（　　　）。

A. 10　　　　　　B. 9　　　　　　C. 8　　　　　　D. 7

12. 有以下程序：

```
    #include<stdio.h>
    int f(int x)
    {
        int y;
        if(x==0||x==1)  return(3);
        y=x*x-f(x-2);
        return y;
    }
    int main()
    {
        int z;
        z=f(3);
        printf("%d\n",z);
        return 0;
    }
```

程序的运行结果是（ ）。

    A. 0   B. 9   C. 6   D. 8

13. 下列程序的运行结果是（ ）。

```c
#include<stdio.h>
long fib(int n)
{
    if(n>2)  return(fib(n-1)+fib(n-2));
    else return(2);
}
int main()
{
    printf("%ld\n",fib(3));
    return 0;
}
```

    A. 2   B. 4   C. 6   D. 8

14. 有以下程序：

```c
#include<stdio.h>
int fun(int a,int b)
{
    if(b==0) return a;
    else return(fun(--a,--b));
}
int main()
{
    printf("%d\n",fun(4,2));
    return 0;
}
```

程序的运行结果是（ ）。

    A. 1   B. 2   C. 3   D. 4

15. 有以下程序：

```c
#include<stdio.h>
int fun()
{
    static int x=1;
    x*=2;
    return x;
}
int main()
{
    int i,s=1;
    for(i=1;i<=2;i++)  s=fun();
    printf("%d\n",s);
}
```

程序运行后的输出结果是（ ）。

    A. 0   B. 1   C. 4   D. 8

16. 有以下程序：

```c
#include<stdio.h>
int f(int m)
{
    static  int n=0;
    n+=m;
    return n;
}
int main()
{
    int n=0;
    printf("%d,",f(++n));
    printf("%d\n",f(n++));
    return 0;
}
```

程序运行后的输出结果是（   ）。

    A. 1,2   B. 1,1   C. 2,3   D. 3,3

17. 有以下程序：

```c
#include<stdio.h>
int f(int n);
int main()
{
    int a=3,s;
    s=f(a);
    s=s+f(a);
    printf("%d\n",s);
    return 0;
}
int f(int n)
{
    static int a=1;
    n+=a++;
    return n;
}
```

程序运行后的输出结果是（   ）。

    A. 7   B. 8   C. 9   D. 10

18. 下列程序的运行结果是（   ）。

```c
#include<stdio.h>
int f(int b[],int m,int n)
{
    int i,s=0;
    for(i=m;i<n;i=i+2)  s=s+b[i];
    return s;
}
int main()
```

```
{
    int x,a[]={1,2,3,4,5,6,7,8,9};
    x=f(a,3,7);
    printf("%d\n",x);
    return 0;
}
```

A. 10   B. 18   C. 15   D. 12

19. 有以下程序：

```
#include<stdio.h>
void exch(int t[])
{
    t[0]=t[5];
}
int main()
{
    int x[10]={1,2,3,4,5,6,7,8,9,10},i=0;
    while(i<=4) {exch(&x[i]);i++;}
    for(i=0;i<5;i++)  printf("%d",x[i]);
    printf("\n");
    return 0;
}
```

程序运行后的输出结果是（   ）。

A. 2 4 6 8 10   B. 1 3 5 7 9   C. 1 2 3 4 5   D. 6 7 8 9 10

20. 下列程序的运行结果是（   ）。

```
#include<stdio.h>
int fun(int num[3][4])
{
    int i,j,p;
    for(i=0;i<3;i++)
    {
        p=0;
        for(j=1;j<4;j++)
            if(num[i][p]>num[i][j])
                p=j;
        printf("%d",num[i][p]);
    }
}
int main()
{
    int a[][4]={1,85,87,8,18,2,7,89,3,46,9,11};
    fun(a);
    return 0;
}
```

A. 189   B. 746   C. 123   D. 857

二、程序填空题

1. 计算形参 x 所指数组中 N 个数的平均值（规定所有数均为正数），作为函数值返回；将大于平均值的数放在形参 y 所指的数组中，在主函数中输出。例如，有 10 个正数：46、30、32、40、6、17、45、15、48、26，平均值为 30.500000。主函数中输出：46、32、40、45、48。请在下划线处填入正确的内容。

扫码查看答案

```c
#include<stdlib.h>
#include<stdio.h>
#define N 10
double fun(double x[],double y[])
{ int i,j;
    double av=0;
    for(i=0;i<N;i++)
        _____
    for(i=j=0;i<N;i++)
        if(x[i]>av)
            _____
        y[j]=-1;
    return av;
}
int main()
{
    int i;double x[N],y[N];
    for(i=0;i<N;i++)
    {
        x[i]=rand()%50;
        printf("%4.0f",x[i]);
    }
    printf("\nThe average is:%f\n",_____);
    for(i=0;y[i]>=0;i++)
        printf("%5.1f",y[i]);
    printf("\n");
    return 0;
}
```

2. 用筛选法可以得到 2～n（n<10000）的所有素数，方法：首先从素数 2 开始，将所有 2 的倍数的数从数表中删去（把数表中相应位置的值置为 0）；接着从数表中找下一个非 0 数，并从数表中删去该数的所有倍数；依此类推，直到所找的下一个数等于 n 为止。这样会得到一个序列：2，3，5，7，11，13，17，19，23，函数 fun 用筛选法找出所有小于等于 n 的素数，并统计素数的个数作为函数值返回。请在下划线处填入正确的内容。

```c
#include<stdio.h>
int fun(int n)
{
    int a[10000],i,j,count=0;
    for(i=2;i<=n;i++)
```

```
            a[i]= _____;
        i=2;
        while(i<n)
        {
            for(j=a[i]*2;j<=n;j+=a[i])
                _____
                i++;
                while(a[i]==0)

                    _____
        }
        printf("\nThe prime number between 2 to %d\n",n);
        for(i=2;i<=n;i++)
            if(a[i]!=0)
            {
                count++;
                printf(count%15?"%5d": "\n%5d",a[i]);
            }
        return count;
    }
    int main()
    {
        int n=20,r;
        r=fun(n);
        printf("\nThe number of prime is:%d\n",r);
        return 0;
    }
```

3. 甲乙丙丁四人同时开始放鞭炮，甲每隔 t1 秒放一次，乙每隔 t2 秒放一次，丙每隔 t3 秒放一次，丁每隔 t4 秒放一次，每人各放 n 次。函数 fun 的功能是根据形参提供的值求出总共听到多少次鞭炮声作为函数值返回。注意，当几个鞭炮同时炸响时只算一次响声，第一次响声是在第 0 秒。例如，若 t1=7，t2=5，t3=6，t4=4，n=10，则总共可听到 28 次鞭炮声。请在下划线处填入正确的内容。

```
#include<stdio.h>
#define OK(i,t,n)((i%t==0)&&(i/t<n))

int fun(int t1,int t2,int t3,int t4,int n)
{
    int count,t,maxt=t1;
    if(maxt<t2) maxt=t2;
    if(maxt<t3) maxt=t3;
    if(maxt<t4) maxt=t4;
    count=1;    /* 给 count 赋初值 */
    for(t=1;t<maxt*(n-1);t++)
    {
      if(OK(_____)||OK(_____)||OK(_____)||OK(_____))
        count++;
    }
```

```
        return count;
    }
    int main()
    {
        int t1=7,t2=5,t3=6,t4=4,n=10,r;
        r=_____;
        printf("The sound:%d\n",r);
        return 0;
    }
```

4. 将 N×N 矩阵中元素的值按列右移一个位置，右边被移出矩阵的元素绕回左边。例如，N=3，有下列矩阵：

$$
\begin{array}{ccc}
1 & 2 & 3 \\
4 & 5 & 6 \\
7 & 8 & 9
\end{array}
$$

计算结果为：

$$
\begin{array}{ccc}
3 & 1 & 2 \\
6 & 4 & 5 \\
9 & 7 & 8
\end{array}
$$

请在下划线处填入正确的内容。

```
    #include<stdio.h>
    #define N 4
    void fun(int (*t)[N])
    {
        int i,j,x;
        for(i=0;i<N;i++)
        {
            x=t[i][N-1];
            for(j=N-1;j>=1;j--)
              t[i][j]=_____;
            t[i][0]=x;
        }
    }
    int main()
    {
        int t[][N]={21,12,13,24,25,16,47,38,29,11,32,54,42, 21,33,10},i,j;
        printf("The original array:\n");
        for(i=0;i<N;i++)
        {
            for(j=0;j<N;j++) printf("%2d",t[i][j]);
            printf("\n");
        }
        _____;
        printf("\nThe result is:\n");
```

```
    for(i=0;i<N;i++)
    {
        for(j=0;j<N;j++) printf("%2d",t[i][j]);
         printf("\n");
    }
    return 0;
}
```

5. 函数 fun 的功能是建立一个 N×N 的矩阵。矩阵元素的构成规律是：最外层元素的值全部为 1；从外向内第 2 层元素的值全部为 2；第 3 层元素的值全部为 3，依此类推。例如，若 N=5，生成的矩阵为：

```
    1    1    1    1    1
    1    2    2    2    1
    1    2    3    2    1
    1    2    2    2    1
    1    1    1    1    1
```

请在下划线处填入正确的内容。

```
#include<stdio.h>
#define N 7

void fun(int a[N][N])
{
    int i,j,k,m;

    if(N%2==0) m=N/2;
    else m=N/2+1;

    for(i=0;i<m;i++)
    {
        for(j=i;j<N-i;j++)
            a[i][j]=a[N-i-1][j]=_____;
        for(k=i+1;k<N-i;k++)
            a[k][i]=a[k][N-i-1]=_____;
    }
}
int main()
{
    int x[N][N]={0},i,j;
    _____;

    printf("\nThe result is:\n");
    for(i=0;i<N;i++)
    {
        for(j=0;j<N;j++)
            printf("%3d",x[i][j]);
        printf("\n");
```

```
            }

        return 0;
        }
```

6. 把形参 a 所指数组中的最大值放在 a[0]中，接着求出 a 所指数组中的最小值放在 a[1] 中；再把 a 所指数组元素中的次大值放在 a[2]中，把 a 数组元素中的次小值放在 a[3]中；其余 依此类推。例如，若 a 所指数组中的数据最初排列为：1、4、2、3、9、6、5、8、7，则按规 则移动后数据排列为：9、1、8、2、7、3、6、4、5。形参 n 中存放 a 所指数组中数据的个数。 请在下划线处填入正确的内容。

```c
#include<stdio.h>
#define N 9

void fun(int a[],int n)
{
    int i,j,max,min,px,pn,t;
    for(i=0;i<n-1;i+=2)
    {
        max = min = _____;
        px = pn = i;
        for(j=i+1;j<n;j++)
        {
            if(_____)
            {max=a[j];px=j;}
            if(_____)
            {min=a[j];pn=j;}
        }
        if(_____)
        {  t=a[i];a[i]=max;a[px]=t;
            if(pn==i)  pn=px;
        }
        if(_____)
        {  t=a[i+1];a[i+1]=min;a[pn]=t;}
    }
}
int main()
{
    int b[N]={1,4,2,3,9,6,5,8,7},i;
    printf("\nThe original data:\n");
    for(i=0;i<N;i++)
        printf("%4d",b[i]);
    printf("\n");
    fun(b,N);
    printf("\nThe data after moving:\n");
    for(i=0;i<N;i++)
        printf("%4d",b[i]);
    printf("\n");
```

```
        return 0;
    }
```

7. 在任意给定的 9 个正整数中找出按升序排列处于中间的数，将原数据序列中比该中间数小的数用该中间数替换，位置不变，主函数中输出处理后的数据序列，并将中间数作为函数值返回。例如，有 9 个正整数为 1、5、7、23、87、5、8、21、45，按升序排列时的中间数为 8，处理后数列为 8、8、8、23、87、8、8、21、45。请在下划线处填入正确的内容。

```
#include<stdio.h>
#define N 9
int fun(int x[])
{
    int i,j,k,t,mid,b[N];
    for(i=0;i<N;i++) b[i]=x[i];
    for(i=0;i<=N/2;i++)
    {
        k=i;
        for(j=i+1;j<N;j++)
            if(b[k]>b[j]) _____;
        if(k != i)
        {_____;_____;_____;}
    }
    mid=b[N/2];
    for(i=0;i<N;i++)
        if(x[i]<mid) x[i]=_____;
    return mid;
}
int main()
{
    int i,x[N]={1,5,7,23,87,5,8,21,45};
    for(i=0;i<N;i++)  printf("%d",x[i]);
    printf("\nThe mid data is:%d\n",fun(x));
    for(i=0;i<N;i++)
        printf("%d",x[i]);
    printf("\n");
    return 0;
}
```

8. 已定义一个含有 30 个元素的数组 s，函数 fun1 的功能是按顺序分别赋予各元素从 2 开始的偶数，函数 fun2 的功能是按顺序每五个元素求一个平均值，并将该值存放在数组 w 中。

```
#include<stdio.h>
long int s[30];
float w[6];
void fun1(long int s[])
{
    int k,i;
    for(k=2,i=0;i<30;i++)
    {
```

```
            s[i]=k;
            _____;
        }
    }
    void fun2(long int s[],float w[])
    {
        float sum=0.0;
        int k,i;
        for(k=0,i=0;i<30;i++)
        {
            sum+=s[i];
            if((i+1)%5==0)
            {
                w[k]=_____;
                sum=_____;
                k++;
            }
        }
    }
    int main()
    {
        int i;
        fun1(s);
        fun2(s,w);
        for(i=0;i<30;i++)
        {
            if(i%5==0) printf("\n");
            printf("%8ld",s[i]);
        }
        printf("\n");
        for(i=0;i<6;i++)
          printf("%8.2f",w[i]);
        return 0;
    }
```

9. 将 a 和 b 所指的两个字符串转换成面值相同的整数，并进行相加作为函数值返回，规定字符串中只含有 1~9 的 9 个数字字符。例如，主函数中输入字符串 32486 和 12345，在主函数中输出的函数值为 44831。

```
    #include<stdio.h>
    #include<string.h>
    #define N 9
    long ctod(char s[])
    {
        long d=0;
        int i;
        for(i=0;_____;i++)
            if(isdigit(s[i]))
```

```
        {
            d=d*10+_____;
        }
    return d;
}
long fun(char a[],char b[])
{
    return _____;
}
int main()
{
    char s1[N],s2[N];
    do
    {
        printf("Input string s1:");
        gets(s1);
    }while(strlen(s1)>N);
    do
    {
        printf("Input string s2:");
        gets(s2);
    }while(strlen(s2)>N);
    printf("The result is:%ld\n",fun(s1,s2));
    return 0;
}
```

10. 在形参 s 所指字符串中的每个数字字符之后插入一个*。例如，形参 s 所指的字符串为 def35adh3kjsdf7，则执行结果为 def3*5*adh3*kjsdf7*。请在下划线处填入正确的内容。

```
#include<stdio.h>
void fun(char s[])
{
    int i,j,n;
    for(i=0;s[i]!='\0';i++)
        if(s[i]>='0'&&_____)
        {
            n=0;
            while(s[i+1+n]!=0)
                n++;
            for(j=_____;j>i;j--)
                s[j+1]=_____;
            s[j+1]=_____;
            i=i+1;
        }
}
int main()
{
```

```
        char s[80]="ba3a54cd23a";
        printf("\nThe original string is:%s\n",s);
        fun(s);
        printf("\nThe result is:%s\n",s);
        return 0;
    }
```

11. 求出形参 ss 所指字符串数组中最长字符串的长度，其余字符串左边用字符*补齐，使其与最长的字符串等长。字符串数组中共有 M 个字符串，且串长<N。请在下划线处填入正确的内容。

```
#include<stdio.h>
#include<string.h>
#define M 5
#define N 20
void fun(char _____)
{   int i,j,k=0,n,m,len;
    for(i=0;i<M;i++)
    {   len=strlen(ss[i]);
        if(i==0) n=len;
        if(_____)
        {
            n=len;k=i;
        }
    }
    for(i=0;i<M;i++)
    if(i!=k)
    {   m=n;
        len=strlen(ss[i]);

        for(j=len;j>=0;j--)
            ss[i][m--]=_____;
        for(j=0;j<n-len;j++)

            ss[i][j]=_____;
    }
}
int main()
{   char ss[M][N]={"ShangHai","GuangZhou","BeiJing","TianJing","ChongQing"};
    int i;
    printf("\nThe original strings are:\n");
    for(i=0;i<M;i++) printf("%s\n",ss[i]);
    printf("\n");
    fun(ss);
    printf("\nThe result:\n");
    for(i=0;i<M;i++) printf("%s\n",ss[i]);
    return 0;
}
```

12. 函数 fun 的功能是进行数字字符转换。若形参 ch 中是数字字符'0'～'9'，则'0'转换成'9'，'1'转换成'8'，'2'转换成'7'，……，'9'转换成'0'；若是其他字符则保持不变，将转换后的结果作为函数值返回。请在下划线处填入正确的内容。

```
#include<stdio.h>
char fun(char ch)
{
    if(_____&&_____)
        return _____;
    return _____;
}
int main()
{
    char c1,c2;
    printf("\nThe result:\n");
    c1='2';c2=fun(c1);
    printf("c1=%c c2=%c\n",c1,c2);
    c1='8';c2=fun(c1);
    printf("c1=%c c2=%c\n",c1,c2);
    c1='a';c2=fun(c1);
    printf("c1=%c c2=%c\n",c1,c2);
    return 0;
}
```

13. 统计整型变量 m 中各数字出现的次数并存放到数组 a 中，其中，a[0]存放 0 出现的次数，a[1]存放 1 出现的次数，……，a[9]存放 9 出现的次数。例如，若 m 为 14579233，则输出结果应为 0,1,1,2,1,1,0,1,0,1。请在下划线处填入正确的内容。

```
#include<stdio.h>
void fun(long m,int a[10])
{
    int i;
    for(i=0;i<10;i++)
        a[i]=_____;
    while(_____)
    {
        i=m%10;
        a[i]++;
        m=_____;
    }
}
int main()
{
    int a[10],i;
    long m;
```

```
        printf("请输入一个整数: ");
        scanf("%ld",&m);
        fun(m,a);
        for(i=0;i<10;i++)
            printf("%d,",a[i]);
        printf("\n");
        return 0;
    }
```

14. 把形参 a 所指数组中的偶数按原顺序依次存放到 a[0]、a[1]、a[2]、……中，把奇数从数组中删除，偶数个数通过函数值返回。例如，若 a 所指数组中的数据最初排列为 9、1、4、2、3、6、5、8、7，删除奇数后 a 所指数组中的数据为 4、2、6、8，返回值为 4。请在下划线处填入正确的内容。

```
    #include<stdio.h>
    #define N 9
    int fun(int a[],int n)
    {
        int i,j;
        j=0;
        for(i=0;i<n;i++)
          if(a[i]%2==0)
            {a[j]=_____;j++;}
        return _____;
    }
    int main()
    {
        int b[N]={9,1,4,2,3,6,5,8,7},i,n;
        printf("\nThe original data:\n");
        for(i=0;i<N;i++)
            printf("%4d",b[i]);
        printf("\n");
        n=fun(b,N);
        printf("\nThe number of even: %d\n",n);
        printf("\nThe even:\n");
        for(i=0;_____;i++)
            printf("%4d",b[i]);
        printf("\n");
        return 0;
    }
```

15. 下面的程序使用递归方法求 n!，请在下划线处填入正确的内容。

```
    #include<stdio.h>
    float factorial(int n)
    {
```

```
        float f;
        if(n<0)
        {printf("n<0,data error!");f=-1;}
        else if(n==0||n==1)  f=_____;
        else f=_____;
        return_____;
    }
    int main()
    {
        int n;
        float y;
        printf("input a integer number:");
        scanf("%d",&n);
        y=factorial(n);
        printf("%d!=%5.0f",n,y);
        return 0;
    }
```

16. 利用全局变量计算长方体的体积以及 3 个面的面积，请在下划线处填入正确的内容。

```
    #include"stdio.h"
    int _____;
    int vs(int a,int b,int c)
    {
        int v;
        v=_____;
        s1=a*b;
        s2=b*c;
        s3=a*c;
        return v;
    }

    int main()
    {
        int v,l,w,h;
        printf("\ninput length,width and height:");

        scanf("%d%d%d",&l,&w,&h);

        v=vs(_____);
        printf("v=%d    s1=%d    s2=%d    s3=%d\n",v,s1,s2,s3);
        return 0;
    }
```

三、程序设计题

1. 写一个函数，求 3 个数的最大值。
2. 写一个函数，对数列 $s = 1 \times 2 \times 3 + 3 \times 4 \times 5 + \cdots + n(n+1)(n+2)$

求和。

扫码查看答案

3．编写一个函数，计算两个自然数的最大公约数。在主程序中调用这两个函数并输出结果。两个自然数从键盘输入。已知计算公式 gcd(a,b) = gcd(b,a mod b)，满足递归调用条件，递归结束的条件是 a 除以 b 余数为 0。

4．利用递归算法将所输入的 5 个字符以相反的顺序打印出来。

5．利用静态变量计算 n!。

第8章 预处理

✔ 经典试题解析

【试题1】 有以下程序：

```
#include<stdio.h>
#define PT 3.5;
#define S(x) PT*x*x;
int main()
{
    int a=1,b=2;
    printf("%4.1f\n",S(a+b));
    return 0;
}
```

程序运行后的输出结果是_____。

A. 14.0   B. 31.5

C. 7.5   D. 程序有错无输出结果

答案： D

解析： 本题主要考查不带参数的宏定义和带参数的宏定义。

宏定义语句不用加 ";" 结束，程序中由于加 ";" 而引起语法错误。

【试题2】 设有宏定义：#define IsDIV(k,n) ((k%n==1)?1:0)且变量 m 已正确定义并赋值，则宏调用：IsDIV(m,5) && IsDIV(m,7)为真时所要表达的是_____。

A. 判断 m 是否能被 5 或者 7 整除

B. 判断 m 是否能被 5 和 7 整除

C. 判断 m 被 5 或者 7 整除后是否余 1

D. 判断 m 被 5 和 7 整除后是否都余 1

答案： D

解析： 本题主要考查带参数的宏定义。

"IsDIV(m,5)&&IsDIV(m,7)" 宏替换后为 "((m%5==1)?1:0)&&((m%7==1)?1:0)"，若此表达式为真，那么表示 "m%5==1" 为真，并且 "m%7==1" 为真，即该表达式的含义是判断 m 被 5 和 7 整除后是否都余 1。

【试题3】 以下函数 findmax 拟实现在数组中查找最大值并作为函数值返回，但程序中有错导致不能实现预定功能。

```
#define MIN -2147483647
int findmax(int x[],int n)
{
    int i,max;
    for(i=0;i<n;i++)
```

```
    {    max=MIN;
          if(max<x[i])  max=x[i];
    }
    return max;
}
```

造成错误的原因是_____。

 A. 定义语句 int i,max ;中 max 未赋初值

 B. 赋值语句 max=MIN ;中不应给 max 赋 MIN 值

 C. 语句 if(max<x[i]) max=x[i] ;中判断条件设置错误

 D. 赋值语句 max=MIN ;放错了位置

答案： D

解析： 本题主要考查不带参数的宏定义在函数中的应用。

for 语句中先将 MIN 值赋值给 max，再将 x[i] 与 max 的值进行比较，即每次都是将 MIN 值与 x[i] 值进行比较，因为 MIN 被定义为整型的最小值，所以无论 x[i] 的值是什么都不会影响 if 语句，始终执行 max=x[i]，所以最终返回的是 x[n-1] 的值，本题的错误在于 "max=MIN;" 语句的位置错误，应该放在 for 循环之前。

【试题 4】 有以下程序：

```
#include<stdio.h>
#define f(x)  x*x*x
int main()
{
    int a=3,s,t;
    s=f(a+1);
    t=f((a+1));
    printf("%d,%d\n",s,t);
    return 0;
}
```

程序运行后的输出结果是_____。

 A. 10,64   B. 10,10   C. 64,10   D. 64,64

答案： A

解析： 本题主要考查带参数的宏定义。

带参数的宏在进行宏替换时，将 a+1 的值作为实参替换宏定义中的形参 x，而不经过任何修改。

（1）s=f(a+1)=a+1*a+1*a+1=3+1*3+1*3+1=10。

（2）t=f((a+1))=(a+1)*(a+1)*(a+1)=4*4*4=64。

【试题 5】 有以下程序：

```
#include<stdio.h>
#define S(x)  (x)*x*2
int main()
{
    int k=5,j=2;
    printf("%d,",S(k+j));
```

```
    printf("%d\n",S(k-j));
    return 0;
}
```

程序运行后的输出结果是_____。

    A. 98,18   B. 39,11   C. 39,18   D. 98,11

答案：B

解析：本题主要考查带参数的宏定义。

（1）S(k+j)=(k+j)*k+j*2=(5+2)*5+2*2=39。

（2）S(k-j)=(k-j)*k-j*2=(5-2)*5-2*2=11。

【**试题6**】有以下程序：

```
#include<stdio.h>
#define M 5
#define f(x,y)  x*y+M
int main()
{
    int k;
    k=f(2,3)*f(2,3);
    printf("%d\n",k);
    return 0;
}
```

程序的运行结果是_____。

    A. 22   B. 41   C. 100   D. 121

答案：B

解析：本题主要考查带参数的宏定义。

k=f(2,3)*f(2,3)=2*3+5*2*3+5=41。

 习题

扫码查看答案

一、选择题

1. 以下叙述中正确的是（   ）。

    A. 在程序的一行上可以出现多个有效的预处理命令

    B. 宏名的命名规则同变量名

    C. 宏替换占用运行时间

    D. 宏定义必须写在程序的开头

2. 以下叙述中正确的是（   ）。

    A. 使用带参数的宏时参数的类型应与宏定义时的一致

    B. 宏名必须用大写字母

    C. 宏定义可以定义常量，但不能用来定义表达式

    D. 宏名的有效范围是从宏定义开始到本源程序文件结束或遇到预处理命令#undef
       时止

3. 以下选项中叙述不正确的是（　　　）。

    A．宏替换只是指定字符串的简单替换，不作任何语法检查

    B．宏名无类型

    C．#define MAX_VALUE 是正确的宏定义

    D．在定义#define A N 025 中，"A N"是称为宏名的标识符

4. 以下选项中叙述不正确的是（　　　）。

    A．预处理命令行都必须以#开始

    B．在程序中凡是以#开始的语句行都是预处理命令行

    C．预处理指令可以不位于源程序文件的首部

    D．C语言的编译预处理就是对源程序进行初步的语法检查

5. 在宏定义#define pi 3.14159 中，用宏名代替一个（　　　）。

    A．常量　　　　　　B．单精度数　　　C．双精度数　　　　D．字符串

6. C语言的编译系统对宏命令的处理是（　　　）。

    A．在程序运行时进行的

    B．在程序连接时进行的

    C．和C语言中的其他语句同时进行编译的

    D．在对源程序中的其他内容正式编译之前进行的

7. 对于宏定义命令#defne N 100，下列选项中说法正确的是（　　　）。

    A．宏定义命令定义了标识符N的值为100

    B．在对源程序进行预处理时用100替换标识符N

    C．在对源程序进行编译时用100替换标识符N

    D．在程序运行时用100替换标识符N

8. #define 能做简单的替换，用宏替换计算多项式 4*x*x+3*x+2 之值的函数 f，正确的宏定义是（　　　）。

    A．#define f(x) 4*x*x+3*x+2　　　　　B．#define f 4*x*x+3*x+2

    C．#define f(a) (4*x*x+3*x+2)　　　　D．#define (4*x*x+3*x+2) f(a)

9. 以下选项中，在任何情况下计算平方数时都不会引起二义性的宏定义是（　　　）。

    A．#define POWER(x) x*x　　　　　　B．#define POWER(x) (x)*(x)

    C．#define POWER(x) (x*x)　　　　　　D．#define POWER(x) ((x)*(x))

10. 关于下面的程序段，选项中说法正确的是（　　　）。

```
#define A 3
#define B(a)  ((A+1)*a)

int x;
x=3* (A+B(7));
```

    A．程序错误，不允许嵌套宏定义　　B．x=93

    C．x=21　　　　　　　　　　　　　D．程序错误，宏定义不允许有参数

11. 下面程序运行后的输出结果是（　　　）。

```
#include<stdio.h>
#define ADD(x)  x+x
```

```
int main(void)
{
    int m=1,n=2,k=3;
    int sum=ADD(m+n)*k;
    printf("sum=%d",sum);
    return(0);
}
```

A．sum=9　　　　B．sum=10　　　　C．sum=12　　　　D．sum=19

12. 下面程序运行后的输出结果是（　　）。

```
#include<stdio.h>
#define MOD(x,y) x%y
int main (void)
{
    int z,a=15,b=100;
    z=MOD(b,a);
    printf("%d\n",z++);
    return(0);
}
```

A．10　　　　B．5　　　　C．15　　　　D．0

13. 下面程序运行后的输出结果是（　　）。

```
#include<stdio.h>
#define MIN(x,y) (x)<(y)?(x):(y)
int main(void)
{
    int i=10,j=15,k;
    k=10*MIN(i,j);
    printf("%d\n",k);
    return(0);
}
```

A．10　　　　B．15　　　　C．100　　　　D．150

14. 有以下程序：

```
#include<stdio.h>
#define SUB(a) (a)-(a)
int main()
{
    int a=2,b=3,c=5,d;
    d=SUB(a+b)*c;
    printf("%d\n",d);
    return 0;
}
```

程序运行后的结果是（　　）。

A．0　　　　B．-12　　　　C．-20　　　　D．10

15. 有以下程序：

```
#include<stdio.h>
#define S(x) 4*(x)*x+1
```

```
int main()
{
    int k=5,j=2;
    printf("%d\n",S(k+j));
    return 0;
}
```

程序运行后的输出结果是（   ）。

A. 197　　　　　B. 143　　　　　C. 33　　　　　D. 28

二、程序填空题

1. 有两个长度相同的一维数组，依次交换两个数组中元素的值。
例如 a[5]={1,2,3,4,5}，b={6,7,8,9,10}，依次交换后 a={6,7,8,9,10}，
b={1,2,3,4,5}。请在下划线处填入正确的内容。

扫码查看答案

```
#include<stdio.h>
#define SWAP(____,____) {int temp;temp=a;a=b;b=temp;}

int main()
{
    int i;
    int a[5]={3,4,5,6,7};
    int b[5]={5,6,7,8,9};
    for(i=0;i<=5;i++)
        SWAP(____,____);
    printf("After swaping:\n");
    for(i=0;i<5;i++)
        printf("%3d",a[i]);
    printf("\n");
    for(i=0;i<5;i++)
        printf("%3d",b[i]);
    printf("\n");
    return 0;
}
```

2. 在程序设计时需要很多输出格式，如整型、实型和字符型等，在编写程序时经常使用这些输出格式，如果多次书写这些格式会很烦琐，要求设计一个头文件，将经常使用的输出模式都写进头文件中。将整型数据的输出写入到头文件中，调用头文件输出整型数据。请在下划线处填入正确的内容。

print.h 代码如下：

```
#define INT(a) printf("%d\n",a)
```

main.c 代码如下：

```
#include<stdio.h>
#include _____

int main()
{
    int a;
```

```
    printf("Please input an interger:\n");
    scanf("%d",&a);
    _____(a);      //输出 a 的值
    return 0;
}
```

3．根据操作系统判定结果，如果 Windows 操作系统，就输出"Windows"；如果 Linux 操作系统，就输出"Linux"，否则输出"Other"。请在下划线处填入正确的内容。

```
#include<stdio.h>

int main()
{
    #____ defined(_WIN16)||defined(_WIN32)||defined(_WIN64)
        printf("Windows");
    #____ defined(__linux__)
        printf("Linux");
    #____
        printf("Other");
    #endif

    return 0;
}
```

三、程序设计题

1．编写程序，定义一个带参数的宏，使两个参数的值互换。在主函数中从键盘输入两个数作为宏的参数，输出交换后的值。

2．将实型数据的输出写入到头文件 PRINT.h 中，调用头文件输出实型数据。

扫码查看答案

3．编写一个程序，用条件编译方法实现以下功能：输入一行英文字符的字符串，可以任选两种输出，一种是将大写字母转换为小写字母，一种是将小写字母转换为大写字母。用#define 命令控制采用哪种方式输出。例如：

若

```
#define LOWER 1
```

则字符串全部输出小写字母。

若

```
#define LOWER 0
```

则字符串全部输出大写字母。

第 9 章　指针

经典试题解析

【试题 1】若有定义语句：double a,*p=&a;，下列叙述中错误的是_____。

 A．定义语句中的*是一个地址运算符

 B．定义语句中的*是一个说明符

 C．定义语句中的 p 只能存放 double 类型变量的地址

 D．定义语句中*p=&a 把变量 a 的地址作为初值赋值给指针变量 p

答案：A

解析：本题主要考查指针变量的定义与初始化。

定义语句"double a，*p = &a;"中，*表示定义了指针变量 p。

【试题 2】有以下程序：

```c
#include<stdio.h>
int main()
{
    int m=1,n=2,*p=&m,*q=&n,*r;
    r=p;p=q;q=r;
    printf("%d,%d,%d,%d\n",m,n,*p,*q);
    return 0;
}
```

程序运行后的输出结果是_____。

 A．1,2,1,2   B．1,2,2,1   C．2,1,2,1   D．2,1,1,2

答案：B

解析：本题主要考查指针变量的赋值。

程序中定义了两个指针变量 p、q，初始化后分别指向整型变量 m、n。"r=p；p=q；q=r;"语句的作用是交换 p、q 指针变量的值，即将指针变量 p 指向 n，将指针变量 q 指向 m。输出表列中*p 相当于 n，*q 相当于 m。

【试题 3】设有定义：int x=0,*p;，立即执行以下语句，正确的语句是_____。

 A．p=x;   B．*p=x;   C．p=NULL;   D．*p=NULL;

答案：C

解析：本题考查指针变量赋空值的方法。

（1）选项 A 中，p 是指针变量，x 是整型变量，数据类型不兼容。选项 A 错误。

（2）选项 B 和选项 D 中，指针变量 p 在使用前一定先赋值，指向一个内存单元。选项 B 和 D 错误。

（3）选项 C 中，NULL 是在 stdio.h 头文件中定义的，代码值为 0。执行"p=NULL;"语句后，p 为空指针。空指针不指向任何实际的对象。选项 C 正确。

【试题 4】有以下程序：

```
#include<stdio.h>
#include<stdlib.h>
int main()
{
    int *a,*b,*c;
    a=b=c=(int *)malloc(sizeof(int));
    *a=1;*b=2;*c=3;
    a=b;
    printf("%d,%d,%d\n",*a,*b,*c);
    return 0;
}
```

程序运行后的输出结果是_____。

    A．3,3,3   B．2,2,3   C．1,2,3   D．1,1,3

答案：A

解析：本题主要考查动态分配函数 malloc。

语句"a=b=c=(int *)malloc(sizeof(int));"的功能是使用 malloc 函数动态申请一个整型内存单元，通过赋值运算使指针变量 a、b、c 同时指向该内存单元。*a、*b、*c 表示同一内存单元的值。"*a=1;*b=2;*c=3;"语句为该内存单元赋值 3 次，内存单元中存放的是最后一次赋予的数值 3。

【试题 5】有以下程序：

```
#include<stdio.h>
int main()
{
    int a,b,k,m,*p1,*p2;
    k=1,m=8;
    p1=&k,p2=&m;
    a=/*p1-m; b=*p1+*p2+6;
    printf("%d",a); printf("%d\n",b);
    return 0;
}
```

编译时编译器提示错误信息，你认为出错的语句是_____。

    A．a=/*p1-m;   B．b=*p1+*p2+6;

    C．k=1,m=8;   D．p1=&k,p2=&m;

答案：A

解析：本题主要考查指针运算符*的应用。

选项 A 中"a=/*p1-m;"语法错误，因为"/*"是注释的起始符号。

【试题 6】以下语句中关于指针输入格式正确的是_____。

    A．int *p;scanf("%d",&p);   B．int *p;scanf("%d",p);

    C．int k,*p=&k;scanf("%d",p);   D．int k,*p;*p=&k;scanf("%d",&p);

答案：C

解析：本题主要考查指针变量的概念。

（1）选项 A 和 D 中，scanf 函数的输入项应该是变量的地址，即应该是 p 而不是&p。此外，选项 A 中指针变量 p 在使用前应该先赋值。选项 A 和 D 错误。

（2）选项 B 中，指针变量在使用前一定要先赋值，指向一个内存单元。选项 B 错误。

【试题7】 若有定义语句：int year=2009,*p=&year;，以下不能使用变量 year 中的值增至 2010 的语句是_____。

    A．*p+=1;　　　　B．(*p)++;　　　　C．++(*p);　　　　D．*p++;

答案： D

解析： 本题主要考查指针运算符*的应用。

（1）选项 A 中，语句执行的运算是"(*p)=(*p)+1;"，即 p 所指向的内存单元（year）的值加 1。

（2）选项 B 中，语句执行的运算是"(*p)=(*p)+1;"，即 p 所指向的内存单元（year）的值加 1。

（3）选项 C 中，语句执行的运算是"(*p)=(*p)+1;"，即 p 所指向的内存单元（year）的值加 1。

（4）选项 D 中，语句执行的运算是"p=p+1"，即指针变量 p 本身的值加 1，p 所指向的内存单元（year）的值没有改变。

【试题8】 设有定义：double a[10],*s=a;，以下能够代表数组元素 a[3]的是_____。

    A．(*s)[3]　　　　B．*(s+3)　　　　C．*s[3]　　　　D．*s+3

答案： B

解析： 本题主要考查一维数组元素的引用方式。

指针变量 s 指向 a 数组的首元素 a[0]。

（1）选项 A 中，*s 就是 a[0]，(*s)[3]相当于 a[0][3]，显然选项 A 是错误的。

（2）选项 B 中，表达式"*(s+3)"表示用指针法引用指向的数组元素，相当于 a[3]，是正确的。

（3）选项 C 中，*s[3]相当于*(a[3])，a[3]并不是指针，不可以使用指针运算符*，显然选项 C 是错误的。

（4）选项 D 中，表达式"*s+3"相当于"a[0]+3"，显然选项 D 是错误的。

【试题9】 执行下面的程序段后，s 的值为_____。

```
int a[]={1,2,3,4,5,6,7,8,9},s=0,k;
for(k=0;k<8;k+=2)  s+=*(a+k);
```

    A．13　　　　　　B．16　　　　　　C．17　　　　　　D．45

答案： B

解析： 本题主要考查一维数组元素的引用方式。

"*(a+k)"是用指针法引用数组元素，相当于 a[k]。

（1）k=0 时，s=s+*(a+0)=s+a[0]=0+1=1。

（2）k=2 时，s=s+*(a+2)=s+a[2]=1+3=4。

（3）k=4 时，s=s+*(a+4)=s+a[4]=4+5=9。

（4）k=6 时，s=s+*(a+6)=s+a[6]=9+7=16。

（5）k=8 时，循环条件为假，循环结束。

【试题 10】 设有如下定义语句：

```
int m[]={2,4,6,8},*k=m;
```

以下选项中，表达式的值为 6 的是_____。

    A．*(k+2)   B．k+2   C．*k+2   D．*k+=2

答案：A

解析：本题主要考查一维数组元素的引用方式。

指针变量 k 指向 m 数组的首元素 m[0]。

（1）选项 A 中，"*(k+2)"表示使用指针法引用数组元素，相当于 m[2]，值为 6。

（2）选项 B 中，"k+2"表示向高地址方向移动 2 个数组元素，相当于&m[2]。

（3）选项 C 中，"*k+2"相当于"m[0]+2"，值为 4。

（4）选项 D 中，"*k+=2"相当于"m[0]=m[0]+2"，值为 4。

【试题 11】 若有以下定义：

```
int x[10],*pt=x;
```

则对 x 数组元素的正确引用是_____。

    A．*&x[10]   B．*(x+3)   C．*(pt+10)   D．pt +3

答案：B

解析：本题主要考查一维数组元素的引用方式。

（1）选项 A 中，运算符"*"与"&"互逆，"*&x[10]"相当于 x[10]，下标越界。

（2）选项 B 中，"*(x+3)"使用指针法引用数组元素，相当于 x[3]，引用正确。

（3）选项 C 中，"*(pt+10)"使用指针法引用数组元素，相当于 x[10]，下标越界。

（4）选项 D 中，"pt+3"相当于&x[3]，引用的是数组元素的地址。

【试题 12】 设有定义：double x[10],*p=x;，以下能给数组 x 下标为 6 的元素读入数据的正确语句是_____。

    A．scanf("%f",&x[6]);   B．scanf("%lf",*(x+6));

    C．scanf("%lf",p+6);   D．scanf("%lf",p[6]);

答案：C

解析：本题主要考查一维数组元素地址的表示方式。

（1）选项 A 中，x 数组元素为 double 类型，输入格式符用"f"有误，应该用"lf"。

（2）选项 B 中，"*(x+6)"相当于 x[6]，表示数组元素的值，不是地址。

（3）选项 C 中，"p+6"相当于&x[6]，表示数组元素的地址。

（4）选项 D 中，"p[6]"相当于 x[6]，表示数组元素的值，不是地址。

【试题 13】 有以下程序：

```
#include<stdio.h>
int main()
{
    int a[]={1,2,3,4},y,*p=&a[3];
    --p;
    y=*p;
    printf("y=%d\n",y);
    return 0;
}
```

程序的运行结果是_____。

    A. y=0   B. y=1   C. y=2   D. y=3

答案：D

解析：本题主要考查利用指针处理一维数组。

指针变量 p 指向 a[3]，执行 "--p;" 后 p 指向 a[2]；"y=*p;" 相当于 "y=a[2];"，即 y 的值为 3。

【试题 14】有以下程序：

```c
#include<stdio.h>
int main()
{
    char *s="12134";
    int k=0,a=0;
    while(s[k+1]!='\0')
    {
        k++;
        if(k%2==0)
        {
            a=a+s[k]-'0'+1;
            continue;
        }
        a=a+(s[k]-'0');
    }
    printf("k=%d  a=%d\n",k,a);
    return 0;
}
```

程序运行后的输出结果是_____。

    A. k=6 a=11   B. k=3 a=14   C. k=4 a=12   D. k=5 a=15

答案：C

解析：本题主要考查字符型指针变量的应用。

（1）第 1 次循环，k=0，s[k+1]=s[0+1]=s[1]='2'，循环条件为真，执行循环体：执行 "k++;" 语句，k 值为 1；if 语句条件为假，执行 "a=a+(s[k]-'0');" 语句，a 值为 2。

（2）第 2 次循环，k=1，s[k+1]=s[1+1]=s[2]='1'，循环条件为真，执行循环体：执行 "k++;" 语句，k 值为 2；if 语句条件为真，执行 "a=a+s[k]-'0'+1;" 语句，a 值为 4，然后执行 "continue;" 语句，此次循环提前结束。

（3）第 3 次循环，k=2，s[k+1]='3'，循环条件为真，执行循环体：执行 "k++;" 语句，k 值为 3；if 语句条件为假，执行 "a=a+(s[k]-'0');" 语句，a 值为 7。

（4）第 4 次循环，k=3，s[k+1]='4'，循环条件为真，执行循环体："执行 "k++;" 语句，k 值为 4；if 语句条件为真，执行 "a=a+s[k]-'0'+1;" 语句，a 值为 12；然后执行 "continue;" 语句，此次循环提前结束。

最终输出 "k=4 a=12"。

【试题 15】有以下程序（注：字符 a 的 ASCII 码值为 97）：

```c
#include<stdio.h>
```

```
    int main()
    {
        char *s={"abc"};
        do
        {
            printf("%d",*s%10);
            ++s;
        } while(*s);
        return 0;
    }
```

程序运行后的输出结果是_____。

  A．abc   B．789   C．7890   D．979800

答案：B

解析：本题主要考查字符型指针变量的应用。

'a'、'b'、'c'的 ASCII 码值分别为 97、98、99。指针变量 s 指向字符串常量"abc"。

（1）第 1 次循环，先执行循环体：输出表达式"*s%10"的值，该表达式相当于"'a'%10"，输出 7；然后执行"++s ;"语句，s 指向'b'。判断循环条件"*s"是否成立，相当于'b'，不为 0，故条件成立。

（2）第 2 次循环，先执行循环体：输出表达式"*s % 10"的值，该表达式相当于"'b' % 10"，输出 8；然后执行"++s ;"语句，s 指向'c'。判断循环条件"*s"是否成立，相当于'c'，不为 0，故条件成立。

（3）第 3 次循环，先执行循环体：输出表达式"*s%10"的值，该表达式相当于"'c'%10"，输出 9；然后执行"++s ;"语句，s 指向'\0'。判断循环条件"*s"是否成立，"*s"相当于'\0，条件不成立，循环结束。

输出结果为"789"。

【试题 16】有以下程序：

```
    #include<stdio.h>
    int main()
    {
        char s[]="rstuv";
        printf("%c\n",*s+2);
        return 0;
    }
```

程序运行后的输出结果是_____。

  A．tuv   B．字符 t 的 ASCII 码值

  C．t   D．出错

答案：C

解析：本题主要考查使用指针变量处理字符串。

根据题目可得，"*s+2"相当于"s[0]+2"，为't'。输出该字符。

【试题 17】若有函数：

```
    viod fun(double a[],int *n)
    { ... }
```

则以下叙述中正确的是_____。

    A．调用 fun 函数时只有数组执行按值传送，其他实参和形参之间执行按地址传送

    B．形参 a 和 n 都是指针变量

    C．形参 a 是一个数组名，n 是指针变量

    D．调用 fun 函数时将把 double 型实参数组元素一一对应地传送给形参 a 数组

答案：B

解析：本题考查数组名作为函数时的数据传递。

fun 函数的形参是数组形式，实际上是指针变量。调用 fun 函数时，实参传递给形参的是地址，并没有传递数组元素的值。

【试题 18】有以下函数：

```c
int fun(char *x,char *y)
{
    int n=0;
    while((*x==*y)&&*x!='\0')  {x++;y++;n++;}
    return n;
}
```

其功能是_____。

    A．查找 x 和 y 所指字符串中是否有'\0'

    B．计算 x、y 所指字符串最前面连续相同的字符个数

    C．将 y 所指字符串赋值给 x 所指存储空间

    D．统计 x 和 y 所指字符串中相同的字符个数

答案：B

解析：本题主要考查使用指针变量处理字符串。

fun 函数的形参 x、y 是指向字符的指针变量。表达式"(*x==*y)&&*x!='\0'"如果为真，要求 x、y 所指向内存单元存放的字符相同，并且 x 所指向的内存单元值不是字符串结束标志'\0'。循环体中使 x、y 通过增加 1 的操作指向下一个内存单元，同时 n 值增加 1。所以 fun 函数的功能是计算 x、y 所指字符串中连续相同的字符个数。

【试题 19】若有定义语句：char *s1="OK",*s2="ok";，以下选项中能够输出"OK"的语句是_____。

    A．if(strcmp(s1,s2)==0) puts(s1);   B．if(strcmp(s1,s2)!=0) puts(s2);

    C．if(strcmp(s1,s2)==1) puts(s1);   D．if(strcmp(s1,s2)!=0) puts(s1);

答案：D

解析：本题主要考查 strcmp 函数的使用方法。

题目中 s1 指向的字符串小于 s2 指向的字符串。

（1）选项 A 中，表达式"strcmp(s1, s2)==0"为假，不能输出"OK"。

（2）选项 B 中，输出"ok"。

（3）选项 C 中，表达式"strcmp(s1, s2)==1"为假，不能输出"OK"。

（4）选项 D 中，输出"OK"。故选项 D 正确。

【试题 20】下列选项中，能够满足"若字符串 s1 等于字符串 s2，则执行"ST"要求的是_____。

A．if(strcmp(s2,s1)==0) ST;   B．if(s1==s2) ST;

C．if(strcpy(s1,s2)==1) ST;   D．if(s1-s2==0) ST;

答案：A

解析：本题主要考查 strcmp 函数的使用方法。

要比较两个字符串，不能直接使用比较运算符进行比较，必须使用字符串处理函数 strcmp 实现。如果字符串 s1 等于字符串 s2，那么 strcmp(s2,s1)为 0。

【试题21】以下不能将 s 所指字符串正确复制到 t 所指存储空间的是_____。

A．while(*t=*s){t++;s++;}   B．for(i=0;t[i]=s[i];i++);

C．do{*t++=*s++;}while(*s);   D．for(i=0,j=0;t[i++]=s[j++];);

答案：C

解析：本题主要考查利用指针处理字符串。

选项 C 中没有复制字符串结束标志'\0'，所以选项 C 是错误的。

【试题22】下列语句中正确的是_____。

A．char *s;s="Olympic";   B．char s[7];s="Olympic";

C．char *s;s={"Olympic"};   D．char s[7];s={"Olympic"};

答案：A

解析：本题考查字符数组名与字符型指针变量的区别。

（1）选项 B 和选项 D 中，数组名 s 是表示数组首元素地址的常量，在程序中不能改变它的值，所以是错误的。

（2）选项 C 中，语句不符合 C 语言的语法，是错误的。

（3）选项 A 中，将字符串"Olympic"的首地址赋值给指针变量 s，s 指向了该字符串。

【试题23】设有定义：char *c;，以下选项中能够使字符型指针 c 正确指向一个字符串的是_____。

A．char str[]="string";c=str;   B．scanf("%s",c);

C．c=getchar();   D．*c="string";

答案：A

解析：本题主要考查字符型指针变量的使用。

（1）选项 A 中，定义了 str 数组存放字符串，然后定义了指针变量 c，使它指向 str 数组。故选项 A 满足题目要求。

（2）选项 B 中，指针变量 c 在使用前未赋值。

（3）选项 C 中，getchar 函数返回值是字符类型，而 c 是指针变量，赋值时数据类型不兼容。

（4）选项 D 中，应该在定义指针变量时为它赋值"char *c="string";"。

【试题24】有定义语句：int *p[4];，以下选项中与此语句等价的是_____。

A．int p[4];   B．int **p;   C．int *(p[4]);   D．int (*p)[4];

答案：C

解析：本题主要考查指针数组、指向数组的指针和二级指针的基本概念。

"int *p[4];"语句的含义是，定义了一个有 4 个元素的一维指针数组，数组名是 p，数组元素是指向整型的指针。

（1）选项 A 定义了一个具有 4 个整型元素的一维数组。

（2）选项 B 定义了一个二级指针。

（3）选项 C 定义了一个有 4 个元素的一维指针数组，数组元素是指向整型的指针，与 "int *p[4] ;" 等价。

（4）选项 D 定义了一个指向一维数组的指针变量。

【试题 25】 若有定义语句：int a[4][10],*p,*q[4];且 0≤i<4，则错误的赋值是_____。

    A．p = a   B．q[i] = a[i]   C．p = a[i]   D．p = &a[2][1]

答案： A

解析： 本题主要考查使用指针处理二维数组的方法。

关于 "int a[4][10],*p,*q[4];" 语句：int a[4][10]定义了一个二维整型数组；int *p 定义了一个指向整型的指针变量 p；int *q[4]定义了一个有 4 个元素的指针数组，其中每一个数组元素都是一个指向整型的指针变量。

（1）选项 A 中，p 是指向整型的指针变量，二维数组名 a 是指向有 10 个整型元素的一维数组的指针常量，二者基类型不同，不能赋值。故选项 A 错误。

（2）选项 B 中，q[i]是指向整型的指针变量，a[i]是一个由 10 个整型元素组成的一维数组名，也就是指向整型的指针常量，二者基类型相同，可以将 a[i]赋值给 q[i]。

（3）选项 C 中，p 是指向整型的指针变量，a[i]是指向整型的指针常量，二者基类型相同，可以将 a[i]赋值给 p。

（4）选项 D 中，p 是指向整型的指针变量，&a[2][1]是指向整型的指针常量，二者基类型相同，可以将&a[2][1]赋值给 p。

【试题 26】 若有定义 int (*pt)[3];，则下列说法正确的是_____。

    A．定义了基类型为 int 的 3 个指针变量

    B．定义了基类型为 int 的具有 3 个元素的指针数组 pt

    C．定义了一个名为*pt、具有 3 个元素的整型数组

    D．定义了一个名为 pt 的指针变量，它可以指向每行有 3 个整数元素的二维数组

答案： D

解析： 本题主要考查指向一维数组的指针变量的概念。

定义语句 "int (*pt)[3];"，*首先与 pt 结合，说明 pt 是一个指针变量，然后与[3]结合，说明 pt 指向的是一个包含 3 个整型元素的数组，pt 称为行指针。

【试题 27】 有以下程序：

```
#include<stdio.h>
void fun(char (*p)[6])
{
    int i;
    for(i=0;i<4;i++)
        printf("%c",p[i][i]);
}
int main()
{
    char s[6][6]={"ABCDE","abcde","12345","FGHIJ","fghij","54321"};
```

```
        fun(s);
        return 0;
    }
```

程序的运行结果是_____。

　　A．Aa1F　　　　　　B．Ab3I　　　　　　C．ABCD　　　　　　D．fghij

答案：B

解析：本题主要考查指向一维数组的指针变量的应用。

执行函数调用语句"fun(s);"，将实参数组名 s 传递给形参 p，p 指向了 s 数组的第 0 行。循环中依次输出的是 p[i][i]，相当于输出 s[i][i]。依次输出 s[0][0]、s[1][1]、s[2][2]、s[3][3]，即"Ab3I"。

【试题 28】若有定义语句：char s[3][10], (*k)[3],*p;，则以下赋值语句中正确的是_____。

　　A．p=s;　　　　　　B．p=k;　　　　　　C．p=s[0];　　　　　　D．k=s;

答案：C

解析：本题考查使用指针处理二维数组的方法。

（1）选项 A 中，p 是指向字符型变量的指针变量，二维数组名 s 是指向有 10 个字符型元素的一维数组的指针常量。它们的基类型不一样，不能进行赋值。

（2）选项 B 中，p 是指向字符型变量的指针变量，k 是指向一维数组的指针变量，这个数组包含 3 个字符型元素。它们的基类型不一样，不能进行赋值。

（3）选项 C 中，p 是指向字符型变量的指针变量，s[0]表示的是第 0 行首元素的地址，也就是指向字符型的指针常量。它们的基类型一样，可以将 s[0]赋值给 p。

（4）选项 D 中，k 是指向一维数组的指针变量，这个数组包含 3 个字符型元素，二维数组名 s 是指向有 10 个字符型元素的一维数组的指针常量。它们的基类型不一样，不能进行赋值。

【试题 29】有以下程序：

```
#include<stdio.h>
int main()
{
    char *a[]={"abcd","ef","gh","ijk"};
    int i;
    for(i=0;i<4;i++)  printf("%c",*a[i]);
    return 0;
}
```

程序运行后的输出结果是_____。

　　A．aegi　　　　　　B．dfhk　　　　　　C．abcd　　　　　　D．abcdefghijk

答案：A

解析：本题考查指针数组的应用。

a 是一个指针数组，每个数组元素都是指针变量。数组 a 初始化后，a[0]指向"abcd"，a[1]指向"ef"，a[2]指向"gh"，a[3]指向"ijk"。输出时格式说明为"%c"，要求每次循环输出的是单个字符，输出表列"*a[i]"相当于 a[i][0]，所以每次循环输出的是每个字符串的第一个字符，即"aegi"。

【试题 30】以下选项中有语法错误的是_____。

　　A．char *str[ ]={"guest"};　　　　　　B．char str[ ][10]={"guest"};

  C．char *str[3];str[1]="guest";   D．char str[3][10];str[1]="guest";

答案：D

解析：本题主要考查不同类型指针的区别。

选项 D 中，str[1]是地址常量，其值不能修改。

【试题 31】 有以下程序：

```c
#include<stdio.h>
#include<string.h>
int main()
{
    char str[][20]={"One*World","One*Dream!"},*p=str[1];
    printf("%d,",strlen(p));
    printf("%s\n",p);
    return 0;
}
```

程序运行后的输出结果是_____。

  A．9,One*World   B．9,One*Dream!

  C．10,One*Dream!   D．10,One*World

答案：C

解析：本题主要考查使用指针处理二维数组的方法。

  str 是一个二维字符数组，初始化后该数组的每一行存放一个字符串。str[1]表示的是第一行的首元素的地址，表达式"p=str[1]"相当于 p 指向 str 数组的第一行，即指向字符串"One*Dream!"。该字符串长度是 10。

【试题 32】 有以下程序：

```c
#include<stdio.h>
#include<stdlib.h>
void fun(int *p1,int *p2,int *s)
{
    s=(int *)malloc(sizeof(int));
    *s=*p1+*p2;
    free(s);
}
int main()
{
    int a=1,b=40,*q=&a;
    fun(&a,&b,q);
    printf("%d\n",*q);
    return 0;
}
```

程序运行后的输出结果是_____。

  A．42   B．0   C．1   D．41

答案：C

解析：本题主要考查指针变量作为函数形参的应用。

  （1）执行函数调用语句"fun(&a,&b,q);"时，将&a 传递给形参 p1，&b 传递给形参 p2，

q 的值传递给形参 s。

（2）执行 fun 函数时，形参 s 指向了一个新申请的内存单元，并没有指向主调函数中的变量，所以给形参 s 指向的内存单元赋值不会改变主调函数中变量的值。

（3）函数调用结束后，main 函数中的变量 a、b、q 的值没有被修改，q 依然指向 a，*q 相当于 a，输出值为 1。

【试题 33】若有函数：

```
void fun(double a[],int *n)
{...}
```

以下叙述中正确的是_____。

A．调用 fun 函数时只有数组执行按值传送，其他实参和形参之间执行按地址传送

B．形参 a 和 n 都是指针变量

C．形参 a 是一个数组名，n 是指针变量

D．调用 fun 函数时将把 double 型实参数组元素一一对应地传送给形参 a 数组

答案：B

解析：本题主要考查数组名作为函数参数的应用。

fun 函数的参数有两个：第一个形参是数组形式，但实质上是一个指针变量；第二个形参是指针变量。所以选项 B 的叙述正确。

【试题 34】以下程序的主函数中调用了在其前面定义的 fun 函数：

```
#include<stdio.h>
...
int main()
{
    double a[15],k;
    k=fun(a);
    ...
}
```

则以下选项中错误的 fun 函数首部是_____。

A．double fun(double a[15])　　　　B．double fun(double *a)

C．double fun(double a[])　　　　　D．double fun(double a)

答案：D

解析：本题主要考查数组名作为函数参数的应用。

由函数调用语句可知，fun 函数中的形参应该是一个指针变量的形式或者数组名的形式，A、B、C 选项都是正确的。

【试题 35】avg 函数的功能是求整型数组中前若干个元素的平均值，设数组元素个数最多不超过 10，则下列函数说明语句中错误的是_____。

A．int avg(int *a,int n);　　　　　B．int avg(int a[10],int n);

C．int avg(int a,int n);　　　　　　D．int avg(int a[],int n);

答案：C

解析：本题主要考查数组名作为函数参数的应用。

选项 C 中，函数的形参 a 是一个整型变量，在 avg 函数中无法实现对整型数组的访问。

【试题 36】有以下程序：

```c
#include<stdio.h>
void fun(int *p)
{
    printf("%d\n",p[5]);
}
int main()
{
    int a[10]={1,2,3,4,5,6,7,8,9,10};
    fun(&a[3]);
    return 0;
}
```

程序运行后的输出结果是_____。

A. 5   B. 6   C. 8   D. 9

答案：D

解析：本题主要考查指针变量作为函数形参的应用。

执行函数调用语句"fun(&a[3]);"时，将实参&a[3]传递给形参 p，即 p 指向 a[3]。fun 函数中的 p[5]就是 main 函数中的 a[8]。

【试题 37】有以下程序：

```c
#include<stdio.h>
void fun(int *a,int *b)
{
    int *c;
    c=a;a=b;b=c;
}
int main()
{
    int x=3,y=5,*p=&x,*q=&y;
    fun(p,q);
    printf("%d,%d,",*p,*q);
    fun(&x,&y);
    printf("%d,%d\n",*p,*q);
    return 0;
}
```

程序运行后的输出结果是_____。

A. 3,5,5,3   B. 3,5,3,5   C. 5,3,3,5   D. 5,3,5,3

答案：B

解析：本题主要考查指针变量作为函数形参的应用。

（1）执行函数调用语句"fun(p,q);"时，将&x 传递给形参 a，将&y 传递给形参 b，即 a 指向 x，b 指向 y。

（2）fun 函数内部交换了 a 和 b，将 a 指向 y，将 b 指向 x。

（3）函数调用结束后，a 和 b 的内存单元被释放，main 函数中的变量 p、q 的值并没有改变，p 仍然指向 x，q 仍然指向 y。所以第一条输出语句输出"3,5,"。

（4）函数调用语句"fun(&x,&y);"与上一条调用语句等效，所以第二条输出语句输出"3,5"。

【试题 38】有以下程序：

```c
#include<stdio.h>
void f(int *p,int *q);
int main()
{
    int m=1,n=2,*r=&m;
    f(r,&n);
    printf("%d,%d",m,n);
    return 0;
}
void f(int *p,int *q)
{p=p+1;*q=*q+1;}
```

程序运行后的输出结果是_____。

A. 1,3　　　　B. 2,3　　　　C. 1,4　　　　D. 1,2

答案：A

解析：本题主要考查指针变量作为函数形参的应用。

（1）执行函数调用语句"f(r,&n);"时，将&m 传递给形参 p，将&n 传递给形参 q，即 p 指向 m，q 指向 n。

（2）执行 f 函数内部的语句"p=p+1;"，修改了 p 的值。函数调用结束后，p 的内存单元被释放，m 的值保持不变。

（3）执行语句"*q=*q+1;"，*q 的值修改为 3，即主调函数中的 n 值为 3。函数调用结束后，q 的内存单元被释放，但 n 值已经改变为 3。

返回主函数后，m 的值为 1，n 的值为 3。

【试题 39】有以下程序：

```c
#include<stdio.h>
void fun(int *s)
{
    static int j=0;
    do
    {
        s[j]=s[j]+s[j+1];
    }while(++j<2);
}
int main()
{
    int k,a[10]={1,2,3,4,5};
    for(k=1;k<3;k++)
        fun(a);
    for(k=0;k<5;k++)
        printf("%d",a[k]);
    printf("\n");
```

```
        return 0;
    }
```

程序运行后的输出结果是_____。

    A. 12345   B. 23445   C. 34756   D. 35745

答案：D

解析：本题主要考查指针变量作为函数形参的应用和静态局部变量的使用。

fun 函数中，j 是静态局部变量。主调函数中两次执行函数调用语句"fun(a);"，将形参 s 指向 a 数组。这样在 fun 函数内部修改 s 指向的存储单元，实际上就修改了 a 数组中元素的值。

第一次执行函数调用语句"fun(a);"执行 fun 函数内部的语句：

（1）j=0 时，执行"s[j]=s[j]+s[j+1];"相当于"a[0]=a[0]+a[1];"，a[0]值为 3。

（2）j=1 时，执行"s[j]=s[j]+s[j+1];"相当于"a[1]=a[1]+a[2];"，a[1]值为 5。

（3）j=2 时，循环结束。函数调用结束。

第二次执行函数调用语句"fun(a);"执行 fun 函数内部的语句：

（1）由于 j 是静态局部变量，第二次调用 fun 函数时，j 值是上一次函数调用的结果为 2，执行"s[j]=s[j]+s[j+1];"相当于"a[2]=a[2]+a[3];"，a[2]值为 7。

（2）j = 3 时，循环结束。函数调用结束。

依次输出数组 a 元素值为"35745"。

【试题 40】有以下程序：

```
#include<stdio.h>
#include<string.h>
void fun(char *w,int m)
{
    char s,*p1,*p2;
    p1=w;
    p2=w+m-1;
    while(p1<p2){s=*p1;*p1=*p2;*p2=s;p1++;p2--;}
}
int main()
{
    char a[]="123456";
    fun (a,strlen(a));
    puts(a);
    return 0;
}
```

程序运行后的输出结果是_____。

    A. 654321   B. 116611   C. 161616   D. 123456

答案：A

解析：本题主要考查指针变量作为函数形参的应用。

（1）执行函数调用语句"fun(a,strlen(a));"，将 a 数组的首地址传递给形参 w，那么 w 指向了 a 数组；将 a 数组中字符串的长度 6 传递给形参 m。这样在 fun 函数内部修改 w 指向的存储单元，实际上就修改了 a 数组中元素的值。

（2）执行 fun 函数内部的语句，使得指针变量 p1 指向 a 数组中字符串的首字符，指针变量 p2 指向字符串的最后一个字符。只要满足"p1<p2",就将*p1 和*p2 的内容交换,然后让指针变量 p1、p2 移动。也就是让字符串中的字符对称地交换。

输出 a 数组中的字符串"654321"。

【试题 41】有以下程序(说明:字母 A 的 ASCII 码值是 65):

```
#include<stdio.h>
void fun(char *s)
{
    while(*s)
    {
        if(*s%2)
            printf("%c",*s);
        s++;
    }
}
int main()
{
    char a[]="BYTE";
    fun(a);
    printf("\n");
    return 0;
}
```

程序运行后的输出结果是_____。

　　A. BY　　　　　　　B. BT　　　　　　　C. YT　　　　　　　D. YE

答案:D

解析:本题主要考查数组名作为函数参数的应用。

(1)阅读程序可知,fun 函数的作用是输出 ASCII 码值为奇数的字母。

(2)执行函数调用语句"fun(a);"时,将 a 数组的首地址传递给形参 s,即 s 指向了 a 数组。这样在 fun 函数内部修改 s 指向的存储单元,实际上就修改了 a 数组中元素的值。

(3)执行 fun 函数内部的语句,将 a 数组中 ASCII 码值为奇数的字符输出。最后输出"YE"。

【试题 42】有以下程序:

```
void fun(char *c)
{
    while(*c)
    {
        if(*c>='a'&&*c<='z')
            *c=*c-('a'-'A');
        c++;
    }
}
int main()
{
    char s[81];
    gets(s);
```

```
        fun(s);
        puts(s);
        return 0;
    }
```

当执行程序时从键盘上输入 Hello Beijing<回车>，则程序的输出结果是_____。

A. hello beijing
B. Hello Beijing
C. HELLO BEIJING
D. hELLO Beijing

答案： C

解析： 本题主要考查数组名作为函数参数的应用。

（1）阅读此程序可知，fun 函数的作用是将小写字母变为大写字母。

（2）执行函数调用语句"fun(s);"时，将 s 数组的首地址传递给形参 c，即 c 指向了 s 数组。这样在 fun 函数内部修改 c 指向的存储单元，实际上就修改了 s 数组中元素的值。

（3）执行 fun 函数内部的语句，将 s 数组字符串中的小写字母变为大写字母。函数调用结束后，该字符串变成了"HELLO BEIJING"。

【试题 43】 有以下程序（函数 fun 只对下标为偶数的元素进行操作）：

```
#include<stdio.h>
void fun(int *a,int n)
{
    int i,j,k,t;
    for(i=0;i<n-1;i+=2)
    {
        k=i;
        for(j=i;j<n;j+=2)
            if(a[j]>a[k]) k=j;
            t=a[i];a[i]=a[k];a[k]=t;
    }
}
int main()
{
    int aa[10]={1,2,3,4,5,6,7},i;
    fun(aa,7);
    for(i=0;i<7;i++)
        printf("%d,",aa[i]);
    printf("\n");
    return 0;
}
```

程序运行后的输出结果是_____。

A. 7,2,5,4,3,6,1   B. 1,6,3,4,5,2,7   C. 7,6,5,4,3,2,1   D. 1,7,3,5,6,2,1

答案： A

解析： 本题主要考查数组名作为函数参数的应用。

（1）执行函数调用语句"fun(aa,7);"时，将 aa 数组的首地址传递给形参 a，即 a 指向了 aa 数组。

（2）执行 fun 函数内部的语句，取出数组下标为偶数的元素，并对其按照选择排序算法进行降序排序，其他位置的数保持不变。函数调用结束后，aa 数组中的元素发生了变化。输出 aa 数组中元素的值为 "7,2,5,4,3,6,1"。

【试题 44】有以下程序，其中库函数 islower(ch)用于判断 ch 中的字符是否为小写字母：

```
#include<stdio.h>
#include<ctype.h>
void fun(char *p)
{
    int i=0;
    while(p[i])
    {
        if(p[i]==' '&&islower(p[i-1]))
            p[i-1]=p[i-1]-'a'+'A';
        i++;
    }
}
int main()
{
    char s1[100]="ab cd EFG !";
    fun(s1);
    printf("%s\n",s1);
    return 0;
}
```

程序运行后的输出结果是_____。

A．ab cd EFG！　　B．Ab Cd EFg！　　C．aB cD EFG！　　D．ab cd EFg！

答案：C

解析：本题主要考查数组名作为函数参数的应用。

（1）执行函数调用语句"fun(s1);"时，将 s1 数组的地址传递给形参 p，即 p 指向了 s1 数组。

（2）执行 fun 函数内部的语句，当字符串中的字符为' '且前一个字符为小写字母时，就将前一个字符改成大写字母。"ab cd EFG !"中需要改变的是'b'和'd'，因此函数调用结束后 s1 中的字符串变成了"aB cD EFG !"。

【试题 45】有以下程序：

```
#include<stdio.h>
#define N 8
void fun(int *x,int i)
{
    *x=*(x+i);
}
int main()
{
    int a[N]={1,2,3,4,5,6,7,8},i;
    fun(a,2);
    for(i=0;i<N/2;i++)
    {
```

```
        printf("%d",a[i]);
    }
    printf("\n");
    return 0;
}
```

程序运行后的输出结果是＿＿＿＿＿。

　　A．1 3 1 3　　　　　B．2 2 3 4　　　　　C．3 2 3 4　　　　　D．1 2 3 4

答案： C

解析： 本题主要考查数组名作为函数参数的应用。

（1）执行函数调用语句"fun(a,2);"，将 a 数组的首地址传递给形参 x，将 2 传递给形参 i。

（2）执行 fun 函数内部的语句"*x=*(x+i);"，相当于"a[0]=a[2]"，a[0]值为 3。

（3）函数调用结束，在 main 函数中输出 a 数组的前部分元素值，即"3 2 3 4"。

【试题 46】 有以下程序：

```
#include<stdio.h>
void f(int *p);
int main()
{
    int a[5]={1,2,3,4,5},*r=a;
    f(r);
    printf("%d\n",*r);
    return 0;
}
void f(int *p)
{
    p=p+3;
    printf("%d,",*p);
}
```

程序运行后的输出结果是＿＿＿＿＿。

　　A．1,4　　　　　B．4,4　　　　　C．3,1　　　　　D．4,1

答案： D

解析： 本题主要考查指针变量作为函数形参的应用。

（1）执行函数调用语句"f(r);"，由于 r 指向 a 数组的首地址，因此将 a 数组的首地址传递给形参 p。

（2）执行 f 函数内部的语句"p=p+3;"，p 指向 a[3]，输出*p 的值即 a[3]值为 4。

（3）函数调用结束，p 不存在，r 值没有变化。*r 相当于 a[0]，输出 1。

【试题 47】 有以下程序：

```
#include<stdio.h>
int fun(int (*s)[4],int n,int k)
{   int m,i;
    m=s[0][k];
    for(i=1;i<n;i++)  if(s[i][k]>m)  m=s[i][k];
    return m;
}
```

```
int main()
{
    int a[4][4]={{1,2,3,4},{11,12,13,14},{21,22,23,24},{31,32,33,34}};
    printf("%d\n",fun(a,4,0));
    return 0;
}
```

程序运行后的输出结果是_____。

A. 4　　　　　　B. 34　　　　　　C. 31　　　　　　D. 32

答案：C

解析：本题主要考查指向一维数组的指针变量作为函数参数的应用。

调用 fun 函数的作用是遍历 a 数组中第 0 列的各元素，找出值最大的元素。所以依据题意得出最大数为 31。

习题

扫码查看答案

一、选择题

1. 变量的指针是指该变量的（　　　）。

　　A. 值　　　　　　B. 地址　　　　　　C. 名　　　　　　D. 一个标志

2. 已知 int *point,a=4;point=&a;，下面代表地址的选项是（　　　）。

　　A. a,point,*&a　　　　　　　　　　B. &*a,&a,*point

　　C. *&point,*point,&a　　　　　　　D. &a,&*point,point

3. 设变量 p 是指针变量，语句 p=NULL;是给指针变量赋 NULL 值，它等价于（　　　）。

　　A. p="";　　　　　B. p='0';　　　　　C. p=0;　　　　　D. p=' ';

4. 设有定义：int n1=0,n2,*p=&n2,*q=&n1;，以下赋值语句中与 n2=n1;语句等价的是（　　　）。

　　A. *p=*q;　　　　B. p=q;　　　　　C. *p=&n1;　　　　D. p=*q;

5. 若有定义：int x=0,*p=&x;，则语句 printf("%d\n",*p);的输出结果是（　　　）。

　　A. 随机值　　　　B. 0　　　　　　C. x 的地址　　　　D. p 的地址

6. p1 和 p2 是指向同一个字符串的指针变量，c 为字符变量，则以下不能正确执行的赋值语句是（　　　）。

　　A. c=*p1+*p2　　B. p2=c　　　　C. p1=p2　　　　D. c=*p1*(*p2)

7. 下列程序段运行后的结果是（　　　）。

```
char *s="abcde";
s+=2;printf("%s",s);
```

　　A. cde　　　　　　　　　　　　　　B. 字符'c'

　　C. 字符'c'的地址　　　　　　　　　　D. 无确定的输出结果

8. 若 x 为整型变量，则以下定义指针的正确语句是（　　　）。

　　A. int p=&x;　　B. int p=x;　　　C. int *p=&x;　　D. p=x;

9. 下列选项中（　　　）是正确的程序段。

　　A. char str[20];　　　　　　　　　　B. char *p;

```
scanf("%s",str[2]);                        scanf("%s",p);
```
   C．char str[20];   D．char str[20],*p=str;
```
   scanf("%s",&str[2]);                       scanf("%s",p[2]);
```

10．若有说明语句：
```
char a[]="It is mine";
char *p="It is mine";
```
则下列叙述中不正确的是（   ）。

   A．a+1 表示的是字符 t 的地址

   B．p 指向另外的字符串时，字符串的长度受限制

   C．p 变量中存放的地址值可以改变

   D．a 数组的长度为 11

11．若有下列定义，则对 a 数组元素的正确引用是（   ）。
```
int a[5],*p=a;
```
   A．*&a[5]   B．a+2   C．*(p+5)   D．*(a+2)

12．下列程序运行后的结果是（   ）。
```
#include<stdio.h>
#include<string.h>
int main()
{
    char *s1="AbDeG";
    char *s2="AbdEg";
    s1+=2;s2+=2;
    printf("%d\n",strcmp(s1,s2));
    return 0;
}
```
   A．正数   B．负数   C．零   D．不确定的值

13．下列程序段运行后的结果是（   ）。
```
char arr[]="ABCDE";
char *ptr;
for(ptr=arr;ptr<arr+5;ptr++)  printf("%s\n",ptr);
```
   A．ABCDE（回车）BCDE（回车）CDE（回车）DE（回车）E

   B．ABCDE

   C．E

   D．ABCD

14．以下说明中不正确的是（   ）。

   A．char a[10]="china";   B．char a[10],*p=a;p="china";

   C．char *a;a="china";   D．char a[10],*p;p=a="china";

15．已有函数 max(a,b)，为了让函数指针变量 p 指向 max，正确的方法是（   ）。

   A．p=max;   B．p=max(a,b);   C．*p=max;   D．*p=max(a,b);

16．对于类型相同的指针变量，不能进行的运算是（   ）。

   A．+   B．-   C．=   D．==

17. 若有下述说明和语句，则 p1-p2 的值为（　　　）。

    ```
    int a[10],*p1,*p2;p1=a;p2=&a[5];
    ```

    A. 5　　　　　　　　B. 6　　　　　　　　C. 10　　　　　　　　D. 非法

18. main 函数可以带两个形参，一般分为 argc 和 argv，其中 argv 可以定义为（　　　）。

    A. int argv;　　　　　　　　　　B. char * argv[];

    C. char argv[];　　　　　　　　　D. char ** argv[];

19. 若有定义：int (*p)[4];，则标识符 p（　　　）。

    A. 是一个指向整型变量的指针

    B. 是一个指针数组名

    C. 是一个指针，它指向一个含有 4 个整型元素的一维数组

    D. 定义不合法

20. 以下与 int *q[5];等价的定义语句是（　　　）。

    A. int q[5]　　　B. int *q　　　C. int *(q[5])　　　D. int (*q)[5]

21. 已有定义：int(*p)();，指针 p 可以（　　　）。

    A. 代表函数的返回值　　　　　　B. 指向函数的入口地址

    C. 表示函数的类型　　　　　　　D. 表示函数返回值的类型

22. 设有下述语句，则（　　　）不是对 a 数组元素的正确引用，其中 0≤i<10。

    ```
    int a[10]={0,1,2,3,4,5,6,7,8,9},*p=a;
    ```

    A. a[p-a]　　　B. *(&a[i])　　　C. p[i]　　　D. *(*(a+i))

23. 有以下定义：

    ```
    int a[4][3]={1,2,3,4,5,6,7,8,9,10,11,12};
    int (*ptr)[3]=a,*p=a[0];
    ```

    则下列能够正确表示数组元素 a[1][2]的表达式是（　　　）。

    A. *((*ptr+1)[2])　　　　　　B. *(*(p+5))

    C. (*ptr+1)+2　　　　　　　　D. *(*(a+1)+2)

24. 设有以下语句：

    ```
    char str1[]="string",str2[8],*str3,str4[10]="string";
    ```

    则（　　　）不是对库函数 strcpy 的正确调用。

    A. strcpy(str1,"HELLO1");　　　B. strcpy(str2,"HELLO2");

    C. strcpy(str3,"HELLO3");　　　D. strcpy(str4,"HELLO4");

25. 设有定义：char *aa[2]={"abcd","ABCD"};，则以下说法中正确的是（　　　）。

    A. aa 数组中元素的值分别是 "abcd" 和 "ABCD"

    B. aa 是指针变量，它指向含有两个数组元素的字符型一维数组

    C. aa 数组的两个元素分别存放的是含有 4 个字符的一维字符数组的首地址

    D. aa 数组的两个元素中各自存放了字符'a'和'A'的地址

26. 以下不能正确进行字符串赋初值的语句是（　　　）。

    A. char str[5]="good!";　　　　B. char str[ ]="good!";

    C. char *str="good!";　　　　　D. char str[5]={'g','o','o','d'};

27. 以下程序的输出结果是（　　　）。

    ```
    #include<stdio.h>
    ```

```
int main()
{
    int **k,*a,b=100;
    a=&b;
    k=&a;
    printf("%d\n",**k);
    return 0;
}
```

  A．运行出错 B．100   C．a 的地址   D．b 的地址

28．程序中若有下列说明和定义语句：

```
char fun(char *);
int main()
{   char *s="one",a[5]={0},(*f1)()=fun,ch;
    …
}
```

则下列选项中对 fun 函数的正确调用语句是（ ）。

  A．(*fl)(a); B．*fl(*s);   C．fun(&a);   D．ch=*fl(s);

29．下列程序的输出结果是（ ）。

```
#include<stdio.h>
int main()
{   char s[]="159",*p;
    p=s;
    printf("%c",*p++);
    printf("%c",*p++);
    return 0;
}
```

  A．15   B．16   C．12   D．59

30．有函数：

```
fun(char *a,char *b)
{   while((*a!='\0')&&(*b!='\0')&&(*a==*b))
    {   a++;
        b++;
    }
    return(*a-*b);
}
```

该函数的功能是（ ）。

  A．计算 a 和 b 所指字符串的长度之差

  B．将 b 所指字符串复制到 a 所指字符串中

  C．将 b 所指字符串连接到 a 所指字符串后面

  D．比较 a 和 b 所指字符串的大小

31．定义函数：

```
int fun(int *p)
{return *p;}
```

fun 函数返回值是（   ）。

    A．不确定的值　　　　　　　　B．一个整数

    C．形参 p 中存放的值　　　　　D．形参 p 的地址值

32．有函数：

```
int fun(char*s)
{   char *t=s;
    while(*t++);
    return(t-s);
}
```

该函数的功能是（   ）。

    A．比较两个字符串的大小　　　　B．计算 s 所指字符串占用内存字节的个数

    C．计算 s 所指字符串的长度　　　D．将 s 所指字符串复制到字符串 t 中

33．有下列程序：

```
#include<stdio.h>
int main()
{   int n,*p=NULL;
    *p=&n;
    printf("Input n:");
    scanf("%d",&p);
    printf("output n: ");
    printf("%d\n",p);
    return 0;
}
```

该程序试图通过指针 p 为变量 n 读入数据并输出，但程序中有多处错误，下列语句正确的是（   ）。

    A．int n,*p=NULL;　　　　　　B．*p=&n;

    C．scanf("%d",&p);　　　　　　D．printf("%d\n",p);

34．有以下程序：

```
#include<stdio.h>
int main()
{   char *a[]={"abcd","ef","gh","ijk"};
    int i;
    for(i=0;i<4;i++)
        printf("%c",*a[i]);
    return 0;
}
```

程序运行后的输出结果是（   ）。

    A．aegi　　　　　　B．dfhk　　　　　　C．abcd　　　　　　D．abcdefghijk

35．下列程序的正确运行结果是（   ）。

```
#include<stdio.h>
int main(int argc,char *argv)
{
    int a=2,i;
```

```
    for(i=0;i<3;i++) printf("%4d",f(a));
}
int f(int a)
{
    int b=0;static int c=3;
    b++;c++;
    return(a+b+c);
}
```

A. 7 7 7   B. 7 10 13   C. 7 9 11   D. 7 8 9

二、程序填空题

1. 下列程序的功能：利用指针指向 3 个整型变量，通过指针运算找出 3 个数中的最大值并输出到屏幕上。请在下划线处填入正确的内容。

```
#include<stdio.h>
int main()
{   int x,y,z,max,*px,*py,*pz,*pmax;
    scanf("%d%d%d",&x,&y,&z);
    px=&x;
    py=&y;
    pz=&z;
    pmax=&max;
    max=x;
    if(*pmax<*py)  *pmax=_____;
    if(*pmax<*pz)  *pmax=_____;
    printf("max=%d\n",max);
    return 0;
}
```

2. 下列程序中，fun 函数的功能是求 3 行 4 列二维数组每行元素中的最大值。请在下划线处填入正确的内容。

```
#include<stdio.h>
void fun(int,int,int(*)[4],int*);
int main()
{   int a[3][4]={{12,41,36,28},{19,33,15,27},{3,27,19,1}},b[3],i;
    fun(3,4,a,b);
    for(i=0;i<3;i++)
        printf("%4d",b[i]);
    printf("\n");
    return 0;
}
void fun(int m,int n,int ar[][4],int *br)
{   int i,j,x;
    for(i=0;i<m;i++)
    {   x=_____;
        for(j=0;j<n;j++)
            if(x<_____)
```

```
            x=_____;
        *br++=_____;
    }
}
```

3. 把形参 s 所指字符串中最右边的 n 个字符复制到形参 t 所指字符数组中，形成一个新串。若 s 所指字符串的长度小于 n，则将整个字符串复制到形参 t 所指字符数组中。例如，形参 s 所指的字符串为 abcdefgh，n 的值为 5，程序执行后 t 所指字符数组中的字符串应为 defgh。请在下划线处填入正确的内容。

```
#include<stdio.h>
#include<string.h>
#define N 80
void fun(char *s,int n,char *t)
{
    int len,i,j=0;
    len=strlen(s);
    if(n>=len)
        strcpy(_____);
    else
    {
        for(i=len-n;i<=len-1;i++)
            t[j++]=_____;
        t[j]='\0';
    }
}
int main()
{
    char s[N],t[N];int n;
    printf("Enter a string:");gets(s);
    printf("Enter n:");scanf("%d",&n);
    fun(_____);
    printf("The string t:");puts(t);
    returu 0;
}
```

4. 对形参 s 所指字符串中下标为奇数的字符按 ASCII 码大小递增排序，并将排序后下标为奇数的字符取出，存入形参 p 所指字符数组中，形成一个新串。例如，形参 s 所指的字符串为 baawrskjghzlicda，执行后 p 所指字符数组中的字符串应为 aachjlsw。请在下划线处填入正确的内容并把下划线删除，使程序得出正确的结果。

```
#include<stdio.h>
void fun(char *s,char *p)
{
    int i,j,n,x,t;
    n=0;
    for(i=0;s[i]!='\0';i++) n++;
    for(i=1;i<n-2; ____)
    {
```

```
        t=i;
        for(j=i+2;j<n; _____)
            if(s[t]>s[j]) _____;
        if(t!=i)
        {x=s[i];s[i]=s[t];s[t]=x;}
    }
    for(i=1,j=0;i<n;i=i+2,j++) _____;
    p[j]='\0';
}
int main()
{
    char s[80]="baawrskjghzlicda",p[50];
    printf("\nThe original string is:%s\n",s);
    fun(s,p);
    printf("\nThe result is:%s\n",p);
    return 0;
}
```

5. 将形参 s 所指字符串中的数字字符转换成对应的数值，计算出这些数值的累加和作为函数值返回。例如，形参 s 所指的字符串为 abs5def126jkm8，程序执行后的输出结果为 22。请在下划线处填入正确的内容。

```
#include<stdio.h>
#include<string.h>
#include<ctype.h>
int fun(char *s)
{
    int sum=0;
    while(_____)
    {
        if(isdigit(*s))        //判断*s是否为数字字符
            sum+= _____ ;
        s++;
    }
    return sum;
}
int main()
{
    char s[81];int n;
    printf("\nEnter a string:");gets(s);
    n=_____;
    printf("\nThe result is:%d\n\n",n);
    return 0;
}
```

6. 将形参 s 所指字符串中的所有数字字符顺序前移，其他字符顺序后移，处理后新字符串的首地址作为函数值返回。例如，s 所指的字符串为 asd123fgh5##43df，处理后新字符串为123543asdfgh##df。请在下划线处填入正确的内容。

```
#include<stdio.h>
#include<string.h>
#include<stdlib.h>
#include<ctype.h>
char *fun(char *s)
{
    int i,j,k,n;
    char *p,*t;
    n=strlen(s)+1;
    t=(char*)malloc(n*sizeof(char));
    p=(char*)malloc(n*sizeof(char));
    j=0; k=0;
    for(i=0;i<n;i++)
    {
        if(isdigit(s[i]))      //判断 s[i]是否为数字字符
        {p[j]=_____;j++;}
        else
        {t[k]=_____;k++;}
    }
    for(i=0;i<k;i++)
        p[j+i]=_____;
    p[j+k]=0;
    return p;
}

int main()
{
    char s[80];
    printf("Please input:");scanf("%s",s);
    printf("\nThe result is:%s\n",fun(s));
    return 0;
}
```

7. 把形参 s 所指字符串中下标为奇数的字符右移到下一个奇数位置，最右边被移出字符串的字符绕回放到第一个奇数位置，下标为偶数的字符不动（注：字符串的长度大于等于 2）。例如，形参 s 所指的字符串为 abcdefgh，执行结果为 ahcbedgf。请在下划线处填入正确的内容。

```
#include<stdio.h>
void fun(char *s)
{
    int i,n,k;
    char c;
    n=0;
    for(i=0;s[i]!='\0';i++) n++;        //计算字符串长度
    if(n%2==0)                          //判断最后一个奇数下标位置
        k=n-1;
    else
        k=_____;
```

```
        c=s[k];
        for(i=k-2;i>=1;i=i-2) s[i+2]=____;
        s[1]=___;
    }
    int main()
    {
        char s[80]="abcdefgh";
        printf("\nThe original string is:%s\n",s);
        fun(s);
        printf("\nThe result is:%s\n",s);
        return 0;
    }
```

8. 在形参 ss 所指字符串数组中查找与形参 t 所指字符串相同的串，找到后返回该串在字符串数组中的位置（下标值），未找到则返回-1。ss 所指字符串数组中共有 N 个内容不同的字符串，且串长小于 M。请在下划线处填入正确的内容。

```
    #include<stdio.h>
    #include<string.h>
    #define N 5
    #define M 8
    int fun(char (*ss)[M],char *t)
    {
        int i;
        for(i=0;i< N;i++)
            if(strcmp(_____)==0) return i;
        return -1;
    }
    int main()
    {
        char ch[N][M]={"if","while","switch","int","for"},t[M];
        int n,i;

        printf("\nThe original string\n\n");
        for(i=0;i<N;i++)
            puts(_____);
        printf("\nEnter a string for search:");
        gets(t);

        n=fun(_____);

        if(n== -1) printf("\nDon't found!\n");
        else printf("\nThe position is %d.\n",n);
        return 0;
    }
```

9. 将形参 s 所指字符串中所有 ASCII 码值小于 97 的字符存入形参 t 所指字符数组中，形成一个新串，并统计出符合条件的字符个数作为函数值返回。例如，形参 s 所指的字符串为

Abc@1x56*，程序执行后 t 所指字符数组中的字符串应为 A@156*。请在下划线处填入正确的内容。

```
#include<stdio.h>
int fun(char *s,char *t)
{
    int n=0;
    while(_____)
    {
        if(*s<97)
        {*(t+n)=____;n++;}
        s++;
    }
    *(t+n)=____;
    return n;
}
int main()
{
    char s[81],t[81];
    int n;
    printf("\nEnter a string:\n");gets(s);
    n=fun(s,t);
    printf("\nThere are %d letter which ASCII code is less than 97: %s\n",n,t);
    return 0;
}
```

10. 有 N×N 矩阵，将矩阵的外围元素顺时针旋转。操作顺序：首先将第一行元素的值存入临时数组 r，然后使第一列成为第一行，最后一行成为第一列，最后一列成为最后一行，临时数组中的元素成为最后一列。例如，若 N=3，有下列矩阵：

```
1    2    3
4    5    6
7    8    9
```

计算结果为：

```
7    4    1
8    5    2
9    6    3
```

请在下划线处填入正确的内容。

```
#include<stdio.h>
#define N 4
void fun(int (*t)[N])
{
    int j,r[N];
    for(j=0;j<N;j++)        //第一行元素的值存入临时数组 r
        r[j]=_____;
    for(j=0;j<N;j++)        //第一列元素的值存入第一行
        t[0][N-j-1]=_____;
```

```
        for(j=0;j<N;j++)              //最 N 行元素的值存入第一列
            t[j][0]=_____;
        for(j=N-1;j>=0;j--)           //第 N 列元素的值存入第 N 行
            t[N-1][N-1-j]=_____;
        for(j=N-1;j>=0;j--)           //数组 r 元素的值存入第 N 列
            t[j][N-1]=_____;
}
int main()
{
    int t[][N]={1,2,3,4,5,6,7,8,9,10,11,12,13,14,15,16},i,j;
    printf("\nThe original array:\n");
    for(i=0;i<N;i++)
    {for(j=0;j<N;j++) printf("%2d",t[i][j]);
        printf("\n");
    }
    fun(t);
    printf("\nThe result is:\n");
    for(i=0;i<N;i++)
    {   for(j=0;j<N;j++) printf("%2d",t[i][j]);
        printf("\n");
    }
    return 0;
}
```

11. 围绕山顶一圈有 N 个山洞，编号为 0、1、2、3、……、N-1，有一只狐狸和一只兔子在洞中居住。狐狸总想找到兔子并吃掉它，它的寻找方法是先到第一个洞（即编号为 0 的洞）中找；再隔 1 个洞，即到编号为 2 的洞中找；再隔 2 个洞，即到编号为 5 的洞中找；再隔 3 个洞，即到编号为 9 的洞中找；……。若狐狸找一圈，请为兔子指出所有不安全的洞号。程序中用 a 数组元素模拟每个洞，数组元素的下标即为洞号，数组元素中的值，为 0 时表示该洞安全，为 1 时表示该洞不安全。例如，当形参 n 的值为 30 时，不安全的洞号是 0、2、5、9、14、20、27。请在下划线处填入正确的内容。

```
        #include<stdio.h>
        #define N 100
        void fun(int *a,int n)
        {
            int i,t;
            for(i=0;i<n;i++)
                a[i]=0;
            i=0;
            t=1;
            while(i<n)
            {   a[i]=1;
                _____;
                i=___;
            }
        }
```

```
int main()
{
    int a[N],i,n=30;
    fun(a,n);
    for(i=0;i<n;i++)
    if(_____)
        printf("不安全的洞号是: %d\n",i);
    return 0;
}
```

12. 在形参 ss 所指字符串数组中，将所有串长超过 k 的字符串中右边的字符删除，只保留左边的 k 个字符。ss 所指字符串数组中共有 N 个字符串，且串长小于 M。请在下划线处填入正确的内容。

```
#include<stdio.h>
#include<string.h>
#define N 5
#define M 10

void fun(char (*ss)[M],int k)
{
    int i=0;
    while(i<N)
    {ss[i][k]=_____;_____;}
}
int main()
{
    char x[N][M]={"Create","Modify","Sort","skip","Delete"};
    int i;
    printf("The original string\n\n");
    for(i=0;i<N;i++)
        puts(x[i]);

    fun(_____);

    printf("\nThe string after deleted:\n\n");
    for(i=0;i<N;i++)
        puts(x[i]);
    return 0;
}
```

13. 利用指针数组对形参 ss 所指字符串数组中的字符串按由长到短的顺序排序并输出排序结果。ss 所指字符串数组中共有 N 个字符串，且串长小于 M。请在下划线处填入正确的内容。

```
#include<stdio.h>
#include<string.h>
#define N 5
#define M 8
void fun(char (*ss)[M])
{
    char *ps[N],*tp;int i,j,k;
```

```
for(i=0;i<N;i++) ps[i]=ss[i];
for(i=0;_____;i++)          //选择排序
{   k=i;
    for(j=i+1; _____;j++)
        if(strlen(ps[k])<strlen(ps[j])) _____;
    tp=ps[i];ps[i]=ps[k];ps[k]=tp;
}
printf("The string after sorting by length:\n");
for(i=0;i<N;i++) puts(ps[i]);
}
int main()
{   char ch[N][M]={"red","green","blue","yellow","black"};
    int i;
    printf("\n\nThe original string\n");
    for(i=0;i<N;i++)
      puts(ch[i]);
    fun(ch);
    return 0;
}
```

14. 判定形参 a 所指的 N×N（规定 N 为奇数）矩阵是否是"幻方"，若是，函数返回值为 1；不是，函数返回值为 0。"幻方"的判定条件：矩阵每行、每列、主对角线及反对角线上元素之和都相等。例如，下面的 3×3 矩阵就是一个"幻方"：

$$
\begin{array}{ccc}
4 & 9 & 2 \\
3 & 5 & 7 \\
8 & 1 & 6
\end{array}
$$

请在下划线处填入正确的内容。

```
#include<stdio.h>
#define N 3
int fun(int  (*a)[N])
{
    int i,j,m1,m2,row,colum;
    m1=m2=0;
    for(i=0;i<N;i++)        //计算主/反对角线元素的和
    {j=_____;m1+=a[i][i];m2+=a[i][j];}
    if(m1!=m2) return 0;

    for(i=0;i<N;i++)        //计算每行、每列元素的和
    {
        row=colum=0;
        for(j=0;j<N;j++)
        {row+=_____;colum+=_____;}
        if((row!=colum)||(row!=m1)) return 0;
    }
    return 1;
}
```

```
int main()
{
    int x[N][N],i,j;

    printf("Enter number for array:\n");
    for(i=0;i<N;i++)
        for(j=0;j<N;j++)
            scanf("%d",&x[i][j]);

    printf("Array:\n");
    for(i=0;i<N;i++)
    {   for(j=0;j<N;j++)
            printf("%3d",x[i][j]);
        printf("\n");
    }

    if(fun(x)) printf("The Array is a magic square.\n");
    else printf("The Array isn't a magic square.\n");
    return 0;
}
```

15. 统计形参 s 所指字符串中数字字符出现的次数并存放在形参 t 所指的变量中，最后在主函数中输出。例如，形参 s 所指的字符串为 abcdef35adgh3kjsdf7，输出结果为 4。请在下划线处填入正确的内容。

```
#include<stdio.h>
void fun(char *s,int *t)
{
    int i,n;
    n=0;
    for(i=0;_____;i++)
        if(_____&&s[i]_____) n++;
    *t=n;
}
int main()
{
    char s[80]="abcdef35adgh3kjsdf7";
    int t;
    printf("\nThe original string is:%s\n",s);
    fun(s,&t);
    printf("\nThe result is:%d\n",t);
    return 0;
}
```

16. 用函数指针指向要调用的函数并进行调用。当调用正确时，程序输出：x1=5.000000，x2=3.000000，x1*x1+x1*x2=40.000000，请在下划线处填入正确的内容。

```
#include<stdio.h>
double f1(double x)
```

```
{return x*x;}
double f2(double x,double y)
{return x*y;}
double fun(double a,double b)
{
    double(*f)();
    double r1,r2;
    f=_____;    /* point fountion f1 */
    r1=f(a);
    f=_____;   /* point fountion f2 */
    r2=(*f)(a,b);
    return r1+r2;
}
int main()
{
    double x1=5,x2=3,r;
    r = _____;
    printf("\nx1=%f,x2=%f,x1*x1+x1*x2=%f\n",x1,x2,r);
    return 0;
}
```

17. 在形参 s 所指字符串中寻找与参数 c 相同的字符,并在其后插入一个与之相同的字符,若找不到相同的字符则函数不作任何处理。例如,s 所指字符串为 baacda,c 中的字符为 a,执行后 s 所指字符串为 baaaacdaa。请在下划线处填入正确的内容。

```
#include<stdio.h>
void fun(char *s,char c)
{
    int i,j,n;
    for(i=0;s[i]!=0;i++)
        if(s[i]==c)
        {
            n=0;
            while(s[i+1+n]!='\0')
                n++;
            for(j=_____;j>i;j--)
                s[j+1]=_____;
            s[j+1]=_____;
            i=i+1;
        }
}
int main()
{
    char s[80]="baacda",c;

    printf("\nThe string:%s\n",s);
    printf("\nInput a character:");
    scanf("%c",&c);
```

```
        fun(s,c);
        printf("\nThe result is:%s\n",s);

        return 0;
    }
```

18. 计算形参 x 所指数组中 N 个数的平均值（规定所有数均为正数），将所指数组中大于平均值的数据移至数组的前部，小于等于平均值的数据移至 x 所指数组的后部，平均值作为函数值返回，在主函数中输出平均值和移动后的数据。例如，有 10 个正数：46、30、32、40、6、17、45、15、48、26，平均值为 30.500000，移动后的输出为 46、32、40、45、48、30、6、17、15、26，请在下划线处填入正确的内容。

```
        #include<stdlib.h>
        #include<stdio.h>
        #define N 10
        double fun(double *x)
        {
            int i,j;
            double s,av,y[N];
            s=0;
            for(i=0;i<N;i++)
                s=_____;
            av=s/N;
            for(i=j=0;i<N;i++)
            if(x[i]>av)
            {y[j++]=_____;x[i]=-1;}
            for(i=0;i<N;i++)
                if(x[i]!=-1)
                    y[j++]=x[i];
            for(i=0;i<N;i++)
                x[i]=_____;
            return av;
        }
        int main()
        {
            int i;double x[N];
            for(i=0;i<N;i++)
            {   x[i]=rand()%50;
                printf("%4.0f",x[i]);
            }
            printf("\nThe average is:%f\n",fun(x));
            printf("\nThe result:\n",fun(x));
            for(i=0;i<N;i++)
                printf("%4.0f",x[i]);
            printf("\n");
            return 0;
        }
```

19. 判断形参 s 所指字符串是否是"回文"，若是，函数返回值为 1；不是，函数返回值为 0。"回文"是正读和反读都一样的字符串（不区分大小写字母）。例如，LEVEL 和 Level 是"回文"，而 LEVLEV 不是"回文"。请在下划线处填入正确的内容。

```c
#include<stdio.h>
#include<string.h>
#include<ctype.h>
int fun(char *s)
{
    char *lp,*rp;
    lp=_____;
    rp=s+strlen(s)-1;
    while((toupper(*lp)==toupper(*rp))&&(lp<rp))
    {lp++; _____;}
    if(_____) return 0;
    else return 1;
}
int main()
{
    char s[81];
        printf("Enter a string:");scanf("%s",s);
    if(fun(s))
        printf("\n\"%s\" is a Palindrome.\n\n",s);
    else
        printf("\n\"%s\" isn't a Palindrome.\n\n",s);
    return 0;
}
```

20. 在形参 ss 所指字符串数组中删除所有串长超过 k 的字符串，函数返回所剩字符串的个数。ss 所指字符串数组中共有 N 个字符串，且串长小于 M。请在下划线处填入正确的内容。

```c
#include<stdio.h>
#include<string.h>
#define N 5
#define M 10
int fun(char (*ss)[M],int k)
{
    int i,j=0,len;
    for(i=0;i<N;i++)
    {   len=strlen(_____);
        if(_____<=k)
            strcpy(ss[j++],ss[i]);
    }
    return j;
}
int main()
{
    char x[N][M]={"Beijing","Shanghai","Tianjin","Nanjing","Wuhan"};
    int i,f;
    printf("\nThe original string\n\n");
```

```
    for(i=0;i<N;i++)
        puts(x[i]);printf("\n");
    f=fun(_____);
    printf("The string which length is less than or equal to 7:\n");
    for(i=0;i<f;i++)
        puts(x[i]);
    printf("\n");
    return 0;
}
```

三、程序设计题

1. 编写一个函数，用指针的方法将 3 个整数按从小到大的顺序输出。在主函数中调用这个函数，3 个整数从键盘输入。

扫码查看答案

2. 编写一个函数，用指针的方法实现 2×3 矩阵的转置。在主函数中调用这个函数，输出转置之后的矩阵。2×3 矩阵的数值从键盘输入。

3. 编写一个函数，用指针的方法判断字符串是否是回文（正读和反读都相同的字符序列为回文，如 "abcba" 和 "123321" 是回文）。在主函数中调用这个函数并输出结果，字符串从键盘输入。

4. 编写一个函数 strcompare，实现两个字符串 s1、s2 的比较，即实现 strcmp 函数功能。在主函数中调用这个函数并输出比较的结果。两个字符串从键盘输入。

要求编写 3 个程序：

（1）程序 1 中函数 strcompare 形参是指针变量，对应的实参是数组名。

（2）程序 2 中函数 strcompare 形参是指针变量，对应的实参也是指针变量。

（3）程序 3 中函数 strcompare 形参是数组名，对应的实参是指针变量。

第 10 章　结构体与共用体

✅ 经典试题解析

【试题 1】下面结构体的定义语句中错误的是_____。

    A．struct ord {int x;int y;int z;}; struct ord a;

    B．struct ord {int x;int y;int z;} struct ord a;

    C．struct ord {int x;int y;int z;} a;

    D．struct {int x;int y;int z;} a;

答案：B

解析：本题主要考查结构体变量的定义方式。

选项 B 中，结构体类型声明少了结束符分号"；"。正确的定义语句如下：

```
struct ord{int x;int y;int z;}; struct ord a;
```

【试题 2】有定义：

```
struct data
{int i;char c;double d;}x;
```

以下叙述中错误的是_____。

    A．x 的内存地址与 x.i 的内存地址相同

    B．struct data 是一个类型名

    C．初始化时，可以对 x 的所有成员同时赋初值

    D．成员 i、c 和 d 占用的是同一个存储空间

答案：D

解析：本题主要考查结构体类型的基本概念。

i、c、d 是结构体变量 x 中 3 个不同的成员，占用不同的存储空间。

【试题 3】有以下程序：

```
#include<stdio.h>
int main()
{
    struct STU{char name[9];char sex;double score[2];};
    struct STU a={"Zhao",'m',85.0,90.0},b={"Qian",'f',95.0,92.0};
    b=a;
    printf("%s,%c,%2.0f,%2.0f\n",b.name,b.sex,b.score[0], b.score[1]);
    return 0;
}
```

程序运行后的输出结果是_____。

    A．Qian,f,95,92   B．Qian,f,85,90   C．Zhao,f,95,92   D．Zhao,m,85,90

答案：D

解析：本题主要考查结构体变量初始化和整体赋值。

【试题 4】若有以下定义：

```
struct tt{char name[10];char sex;} aa={"aaaa",'F'},*p=&aa;
```

则错误的语句是_____。

A．scanf("%c",aa.sex); B．aa.sex=getchar();

C．printf("%c\n",(*p).sex); D．printf("%c\n",p -> sex);

答案：A

解析：本题主要考查结构体数据成员的引用方式。

根据题目可知，aa 是 struct tt 类型的变量，成员分别是字符数组 name 和字符变量 sex。选项 A 中，scanf 输入项要求是地址表达式，而 aa.sex 是字符变量。正确的语句为 "scanf("%c", &aa.sex) ;"。

【试题 5】设有以下程序段：

```
struct MP3
{
    char name[20];
    char color;
    float price;
} std,*ptr;
ptr=&std;
```

若要引用结构体变量 std 中的 color 成员，则写法错误的是_____。

A．std.color B．ptr-> color C．std-> color D．(*ptr) .color

答案：C

解析：本题主要考查结构体成员的引用方式。

代码段中定义 struct MP3 类型的变量 std 以及指向 struct MP3 类型的指针变量 ptr，通过赋值语句使 ptr 指向 std。

（1）选项 A 中，采用的是"结构体变量.成员名"方式引用结构体成员。

（2）选项 B 中，采用的是"结构体指针变量名->成员名"方式引用结构体成员。

（3）选项 C 中，通过结构体变量引用成员时应该用"."运算符。

（4）选项 D 中，采用的是"(*结构体指针变量名).成员名"方式引用结构体成员。

【试题 6】有以下定义和语句：

```
struct workers
{
    int num;
    char name[20];
    char c;
    struct
    {
        int day;
        int month;
        int year;
    } s;
};
struct workers w,*pw;
```

```
pw=&w
```

能给 w 中 year 成员赋 2020 的语句是_____。

    A．*pw.year =2020;   B．w.year = 2020;

    C．pw -> year =2020;   D．w.s.year =2020;

答案：D

解析：本题主要考查结构体数据成员的引用方式。

（1）结构体类型的成员可以属于另一个结构体类型。声明 struct worker 类型时，将成员 s 指定为结构体类型。

（2）定义了结构体变量 w 和指向结构体变量的指针变量 pw，并将 pw 指向 w。

（3）由于成员本身又是一个结构体类型，则要用若干个成员运算符，逐级找到最内层的成员才能使用。

选项 A、B、C 中，试图一步访问到 s 中的 year 成员，是不可能实现的。

【试题 7】设有定义：struct {char mark[12];int num1;double num2;} t1,t2;，若变量均已正确赋初值，则以下语句中错误的是_____。

    A．t1=t2;   B．t2.num1=t1.num1;

    C．t2.mark=t1.mark;   D．t2.num2=t1.num2;

答案：C

解析：本题主要考查结构体变量及其数据成员赋值方式。

选项 C 中，t2.mark 是字符数组名。字符数组名是常量，不能进行赋值运算，如果要实现该成员赋值，需要使用 strcpy 函数。

【试题 8】设有定义：

```
struct complex
{
    int real,unreal;
}data1={1,8},data2;
```

则以下赋值语句中错误的是_____。

    A．data2=data1;   B．data2=(2,6);

    C．data2.real=data1.real;   D．data2.real=data1.unreal;

答案：B

解析：本题主要考查结构体变量及其数据成员赋值方式。

（1）选项 A 中，相同类型的结构体变量可以相互赋值。

（2）选项 B 中，在 C 语言中没有这种赋值方式。

（3）选项 C 中，data2.real 和 data1.real 都是整型变量，可以相互赋值。

（4）选项 D 中，data2.real 和 data1.unreal 都是整型变量，可以相互赋值。

【试题 9】有以下程序：

```
#include<stdio.h>
struct ord
{
    int x,y;
}dt[2]={1,2,3,4};
```

```
int main()
{
    struct ord *p=dt;
    printf("%d,",++(p->x));
    printf("%d\n",++(p->y));
    return 0;
}
```

程序运行后的输出结果是_____。

A. 1,2   B. 4,1   C. 3,4   D. 2,3

答案： D

解析： 本题主要考查指向结构体数组元素的指针的应用。

（1）定义了一个结构体数组 dt 并初始化。数组元素成员的值分别是：dt[0].x=1，dt[0].y=2，dt[1].x=3，dt[1].y=4。

（2）定义指针变量 p 并使其指向 dt[0]。p->x 相当于 dt[0].x，p->y 相当于 dt[0].y。

（3）执行 "printf("%d,",++(p->x));" 语句时，相当于将 dt[0].x 的值加 1 然后输出。

（4）执行 "printf("%d\n",++(p->y));" 语句时，相当于将 dt[0].y 的值加 1 然后输出。

【试题 10】 有以下程序：

```
#include<stdio.h>
struct ord
{
    int x,y;
}dt[2]={1,2,3,4};
int main()
{
    struct ord *p=dt;
    printf("%d,",++p->x);
    printf("%d",++p->y);
    return 0;
}
```

程序运行后的输出结果是_____。

A. 1,2   B. 2,3   C. 3,4   D. 4,1

答案： B

解析： 本题主要考查指向结构体数组元素的指针的应用。

（1）dt 是一个结构体数组，初始化的结果为：dt[0].x=1，dt[0].y=2，dt[1].x=3，dt[1].y=4。

（2）"struct ord *p=dt ;" 表示 p 指向 dt[0]。

（3）表达式 "++p->x" 中 p 两侧的运算符，"->" 的优先级高于 "++"，所以这个表达式相当于 "++(p->x)"，p->x 为 1，所以表达式的值为 2。

（4）表达式 "++p->y" 的分析与（3）相同。

【试题 11】 以下叙述中错误的是_____。

A. 函数的返回值类型不能是结构体类型，只能是简单类型

B. 函数可以返回指向结构体变量的指针

C. 可以通过指向结构体变量的指针访问所指结构体变量的任何成员

D．只要类型相同，结构体变量之间可以整体赋值

答案：A

解析：本题主要考查结构体类型的基本概念。

函数的返回值类型可以是结构体类型，也可以是指向结构体变量的指针类型，相同类型结构体变量之间可以整体赋值，可以通过指针变量引用结构体成员。

【试题 12】有以下程序：

```c
#include<stdio.h>
#include<string.h>
struct A
{
    int a;
    char b[10];
    double c;
};
void f(struct A t);
int main()
{
    struct A a={1001,"ZhangDa",1098.0};
    f(a);
    printf("%d,%s,%6.1f\n",a.a,a.b,a.c);
    return 0;
}
void f(struct A t)
{
    t.a=1002;
    strcpy(t.b,"ChangRong");
    t.c=1202.0;
}
```

程序运行后的输出结果是_____。

A．1001,ZhangDa,1098.0　　　　　　B．1002,ChangRong,1202.0

C．1001,ChangRong,1098.0　　　　　D．1002,ZhangDa,1202.0

答案：A

解析：本题主要考查结构体变量作为函数参数的应用。

f 函数的形参 t 是结构体变量。f 函数被调用时，将实参的值拷贝给形参，也就是值传递。f 函数执行过程中形参 t 的成员值的改变并不会影响实参 a 的值。f 函数调用结束后，main 函数中的变量 a 各成员的值并没有修改。

【试题 13】有以下程序：

```c
#include<stdio.h>
#include<string.h>
typedef struct{char name[9];char sex;float score[2];}STU;
void f(STU *a)
{
    strcpy(a->name,"Zhao");
```

```
        a->sex='m';a->score[1]=90.0;
    }
    int main()
    {
        STU c={"Qian",'f',95.0,92.0},*d=&c;
        f(d);printf("%s,%c,%2.0f,%2.0f\n",d->name,c.sex,c.score[0],c.score[1]);
        return 0;
    }
```

程序的运行结果是_____。

A．Qian,f,95,92 　　B．Zhao,f,95,90 　　C．Zhao,m,95,90 　　D．Zhao,f,95,92

答案：C

解析：本题主要考查指向结构体变量的指针作为函数参数的应用。

（1）f 函数的形参 a 是指向结构体的指针变量。

（2）f 函数被调用时，将实参 d 的值（&c）拷贝给形参 a。此时，a 指向 main 函数中的结构体变量 c。

（3）f 函数执行过程中通过形参 a 可以访问到 main 函数中的结构体变量 c，从而修改 c 的值。

（4）f 函数调用结束后，main 函数中的变量 c 的值发生了改变。

【试题 14】有以下程序：

```
    #include<stdio.h>
    struct STU
    {
        char name[9];
        char sex;
        int score[2];
    };
    void f(struct STU a[])
    {
        struct STU b={"Zhao",'m',85,90};
        a[1]=b;
    }
    int main()
    {
        struct STU c[2]={{"Qian",'f',95,92},{"Sun",'m',98,99}};
        f(c);
        printf("%s,%c,%d,%d,",c[0].name,c[0].sex,c[0].score[0],c[0].score[1]);
        printf("%s,%c,%d,%d\n",c[1].name,c[1].sex,c[1].score[0],c[1].score[1]);
        return 0;
    }
```

程序运行后的结果是_____。

A．Zhao,m,85,90,Sun,m,98,99 　　　　B．Zhao,m,85,90,Qian,f,95,92

C．Qian,f,95,92,Sun,m,98,99 　　　　D．Qian,f,95,92,Zhao,m,85,90

答案：D

解析：本题主要考查结构体数组作为函数参数的应用。

（1）f函数的形参是结构体数组，实质上是指向结构体的指针变量。

（2）f函数调用时，a指向main函数中的数组c。f函数中给数组元素a[1]赋值，相当于给main函数中的数组c[1]赋值。

（3）f函数调用结束后，main函数中的c[1]值发生了改变。

【试题15】有以下程序：

```c
#include<stdio.h>
int main()
{
    struct node{int n;struct node *next;} *p;
    struct node x[3]={{2,x+1},{4,x+2},{6,NULL}};
    p=x;
    printf("%d,",p->n);
    printf("%d\n",p->next->n);
    return 0;
}
```

程序运行后的输出结果是_____。

    A. 2,3   B. 2,4   C. 3,4   D. 4,6

答案：B

解析：本题主要考查静态链表的应用。

所有节点都是数组元素，数组已定义并初始化。在程序执行过程中不再产生新的节点，这种链表称为"静态链表"。

本题建立的静态链表的存储示意图如下图所示。

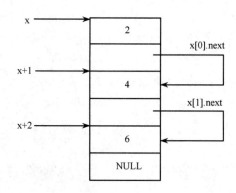

语句"p=x;"的作用是使指针变量p指向数组x的首元素。表达式"p->n"相当于x[0].n，值为2；表达式"p->next->n"相当于"(x+1)->n"，即x[1].n，值为4。

【试题16】假定已建立数据链表结构，且指针p和q已指向图中所示节点。

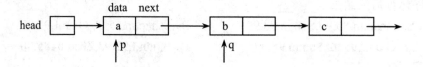

则以下选项中可将 q 所指节点从链表中删除并释放该节点的语句是_____。

  A．(*)p.next = (*q).next; free(p);　　B．b = q->next; free(q) ;

  C．p = q; free(q);　　　　　　　　D．p->next = q->next; free(q);

答案：D

解析：本题主要考查删除链表节点的操作。

通过链表的特性，可知 q 的前一个节点由 p 指向；q 的后一个节点由 q->next 指向。由上图可知，要删除节点 q，使 a 的下一个节点为 c，即 p->next=q->next，然后调用 free(q) 释放节点空间。

【试题 17】有以下程序：

```
int main()
{
    union
    {
        unsigned int n;
        unsigned char c;
    }u1;
    u1.c ='A';
    printf("%c\n",u1.n);
    return 0;
}
```

程序运行后的输出结果是_____。

  A．产生语法错误　　B．随机值　　　　C．A　　　　　　　D．65

答案：C

解析：本题主要考查共用体类型的基本概念。

本题中共用体变量 u1 有两个成员变量，这两个成员变量占用同一个存储空间，u1、u1.c 和 u1.n 的地址相同。执行语句"u1.c='A';"后，u1.n 转换为字符型的值，与 u1.c 的值相同都为'A'，所以 printf 函数的输出结果为"A"。

【试题 18】若有说明：typedef struct {int a;char c;} W;，则以下叙述中正确的是_____。

  A．编译后系统为 W 分配 5 个字节

  B．编译后系统为 W 分配 6 个字节

  C．编译后系统为 W 分配 1 个字节

  D．编译后系统不为 W 分配存储空间

答案：D

解析：本题主要考查结构体类型变量在内存中的存储长度。

标识符 W 是结构体类型名，C 语言规定结构体类型名不占用存储空间，只有结构体变量占用内存空间，故编译后系统不为 W 分配存储空间。

【试题 19】以下叙述中错误的是_____。

  A．可以用 typedef 说明的新类型名来定义变量

  B．typedef 说明的新类型名必须使用大写字母，否则会出编译错误

  C．用 typedef 可以为基本数据类型说明一个新名称

  D．用 typedef 说明新类型的作用是用一个新的标识符来代表已存在的类型名

答案：B

解析：本题主要考查 typedef 的用法。

typedef 声明新的类型名来代替已有的类型名。建议用大写字母，但不是必须是大写。

【试题 20】若有以下程序：

```
typedef struct S
{
    int g;
    char h;
}T;
```

则下列叙述中正确的是_____。

  A．可用 S 定义结构体变量   B．可用 T 定义结构体变量

  C．S 是 struct 类型的变量   D．T 是 struct S 类型的变量

答案：B

解析：本题主要考查结构体类型的声明。

S 为结构体类型名，而 T 相当于 struct S，可用来表示结构体数据类型名。

【试题 21】以下结构体类型说明和变量定义中正确的是_____。

  A．typedef struct   B．struct REC;

    {int n; char c;} REC;   {int n;char c;};

    REC t1,t2;   REC t1,t2;

  C．typedef struct REC;   D．struct

    {int n = 0;char c='A';} t1,t2;   {int n;char c;} REC;

                REC t1,t2;

答案：A

解析：本题主要考查结构体类型变量的定义。

（1）选项 A 中，用 typedef 声明结构体类型名 REC 后可以用 REC 定义变量，所以选项 A 是正确的。

（2）选项 B 中，"struct REC;"后面的分号是错误的。

（3）选项 C 中，书写形式错误，应按选项 A 的形式书写。

（4）选项 D 中，REC 是定义的一个结构体变量，不是结构体类型，所以"REC t1,t2;"是错误的。

 习题

一、选择题

1．设有定义 enum team{one,two=4,three,four=three+4};，则枚举元素 one、two、three、four 的值分别是（ ）。

  A．0 4 2 6   B．1 4 2 6

  C．0 4 5 9   D．1 4 5 9

扫码查看答案

2. 若有以下程序段：

```
struct data{int i;char c;float f;}a;
int n;
```

则下列语句中正确的是（　　）。

　　A．a=5;　　　　　　B．a={2,'a',1.2}　C．printf("%d",a);　　D．n=a;

3. 若有 struct {int a; char b; } Q, *p=&Q;，则错误的表达式是（　　）。

　　A．Q.a　　　　　B．(*p).b　　　　　C．p->a　　　　　　D．*p.b

4. 以下叙述中错误的是（　　）。

　　A．可以通过 typedef 增加新的类型

　　B．可以用 typedef 将已存在的类型用一个新的名字来代表

　　C．用 typedef 定义新的类型名后，原有类型名仍有效

　　D．用 typedef 可以为各种类型起别名，但不能为变量起别名

5. 设有以下语句：

```
typedef struct TT
{
    char c;int a[4];
}CIN;
```

则下列叙述中正确的是（　　）。

　　A．可以用 TT 定义结构体变量　　　　B．TT 是 struct 类型的变量

　　C．可以用 CIN 定义结构体变量　　　　D．CIN 是 struct TT 类型的变量

6. 设有以下程序段：

```
struct st
{
    int x;int *y;
}*pt;
int a[]={1,2},b[]={3,4};
struct st c[2]={10,a,20,b};
pt=c;
```

以下选项中表达式的值为 11 的是（　　）。

　　A．*pt->y　　　　B．pt->x　　　　　C．++pt->x　　　　D．(pt++)->x

7. 根据定义：

```
struct person{char name[9];int age;};
struct person class[10]={"John",17,
                        "Paul",19,
                        "Mary",18,
                        "Adam",16};
```

能输出字母 M 的语句是（　　）。

　　A．printf("%c\n",class[3].name);　　　B．printf("%c\n",class[3].name[1]);

　　C．printf("%c\n",class[2].name[1]);　　D．printf("%c\n",class[2].name[0]);

8. 下列类型说明和变量定义中正确的是（　　）。

　　A．typedef struct　　　　　　　B．struct RT;

　　　　{ int n;float c;} RT;　　　　　　{ int n;float c;};

　　　　RT a,b;　　　　　　　　　　　　RT a,b;

C. typedef struct RT;   D. struct { int n;float c;} RT;
{ int n=0;float c=7.5;} a,b;   RT a,b;

9. 设有定义：union ux{int i;float j;char k;}a;，则 sizeof(a)的值是（   ）。

A. 4   B. 5   C. 6   D. 7

10. 已知赋值语句 Wang.year=2004;，则判断 Wang 是（   ）类型的变量。

A. 字符或文件   B. 整型或枚举

C. 共用体或结构体   D. 实型或指针

11. 设有结构体及其数组和指针变量的定义语句 struct { int k;float m;}y[2],*p=y;，则下列表达式中不能正确表示结构体成员的是（   ）。

A. (*p).k   B. *(p+1).k   C. y[0].k   D. p->k

12. 设有下列程序段：

```
typedef struct
{
    char t[10];
    union {int x;float t;}a;
    double f;
}ST;
ST p;
strcpy(p.t,"hello");
```

则 p 在内存中所占的字节数为（   ）。

A. 16   B. 18   C. 20   D. 22

13. 有下列程序段：

```
typedef struct node
{   int data;
    struct node *next;
}*NODE;
NODE p;
```

以下叙述中正确的是（   ）。

A. p 是指向 struct node 结构变量的指针的指针

B. NODE p;语句出错

C. p 是指向 struct node 结构变量的指针

D. p 是 struct node 结构变量

14. 有以下结构体说明、变量定义和赋值语句：

```
struct STD
{   char name[20];
    int age;
    char sex;
}s[5],*ps;
ps=&s[0];
```

则以下 scanf 函数调用语句中错误的是（   ）。

A. scanf("%s",s[0].name);   B. scanf("%d",&s[0].age);

C. scanf("%c",&(ps->sex));   D. scanf("%d",ps->age);

15. 有以下定义语句：

```
union data
{
    int a;
    char b;
    float c;
}x;
int y;
```

则以下语句中正确的是（   ）。

A. x=10.5;   B. x.b=104;   C. y=x;   D. printf("%d\n",x);

16. 下列程序的运行结果是（   ）。

```
#include<stdio.h>
struct tt
{
    int x;
    struct tt *y;
}*p;
struct tt a[4]={20,a+1,21,a+2,22,a+3,23,a};
int main()
{
    int i;
    p=a;
    for(i=1;i<=2;i++)
    {
        printf("%d",p->x);
        p=p->y;
    }
    return 0;
}
```

A. 2021   B. 2122   C. 2223   D. 2320

17. 有以下程序：

```
#include<stdio.h>
struct S
{
    int a,b;
}data[2]={10,100,20,200};
int main()
{
    struct S p=data[1];
    printf("%d\n",++(p.a));
    return 0;
}
```

程序运行后的输出结果是（   ）。

A. 10   B. 11   C. 20   D. 21

18. 有以下程序：

```c
#include<stdio.h>
#include<string.h>
typedef struct
{
    char name[9];
    char sex;
    float score[2];
} STU;
void f(STU a)
{
    STU b={"Zhao",'m',85.0,90.0};
    int i;
    strcpy(a.name,b.name);
    a.sex=b.sex;
    for(i=0;i<2;i++)
        a.score[i]=b.score[i];
}
int main()
{
    STU c={"Qian",'f',95.0,92.0};
    f(c);
    printf("%s,%c,%2.0f,%2.0f\n",c.name,c.sex,c.score[0],c.score[1]);
    return 0;
}
```

程序的运行结果是（   ）。

A. Qian,f,95,92　　B. Qian,m,85,90　　C. Zhao,f,95,92　　　D. Zhao,m,85,90

19. 有以下程序：

```c
#include<stdio.h>
struct stu
{
    int mun;
    char name[10];
    int age;
};
void fun(struct stu *p)
{
    printf("%s\n",p->name);
}
int main()
{
    struct stu x[3]={{01,"zhang",20},{02,"wang",19},{03,"zhao",18}};
    fun(x+2);
    return 0;
}
```

程序运行后的输出结果是（　　　）。

  A．zhang   B．zhao   C．wang   D．19

20．以下程序的输出结果是（　　）。

```
#include<stdio.h>
int main()
{
    struct cmplx{int x;int y;}cnum[2]={1,3,2,7};
    printf("%d\n",cnum[0].y/cnum[0].x*cnum[1].x);
    return 0;
}
```

  A．0   B．1   C．3   D．6

21．若有以下说明和语句：

```
struct st
{   int n;
    struct st *next;
};
struct st a[3],*p;
a[0].n=5;a[0].next=&a[1];
a[1].n=7;a[1].next=&a[2];
a[2].n=9;a[0].next='\0';
p=&a[0];
```

则值为6的表达式是（　　）。

  A．p++->n   B．p->n++   C．(*p).n++   D．++p->n

22．有下列程序：

```
#include<stdio.h>
struct st
{   int x;
    int *y;
} *p;
int dt[4]={10,20,30,40};
struct st aa[4]={50,&dt[0],60,&dt[0],60,&dt[0],60,&dt[0],};
int main()
{   p=aa;
    printf("%d\n",++p->x);
    printf("%d\n",(++p)->x);
    printf("%d\n",++(*p->y));
    return 0;
}
```

程序的输出结果是（　　）。

A．10	B．50	C．51	D．60
20	60	60	70
20	21	11	31

23．有下列结构体说明和变量定义，指针 p、q、r 分别指向此链表中的 3 个连续节点。

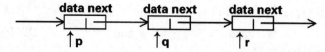

```
struct node
{   int data;
    struct node *next;
} *p,*q,*r;
```

现要将 q 所指节点从链表中删除，同时要保持链表的连续，下列不能完成指定操作的语句是（   ）。

A．p->next=q->next;   B．p-next=p->next->next;

C．p->next=r;   D．p=q->enxt;

24．有下列程序：

```
#include<stdio.h>
#include<string.h>
struct STU
{   char name[10];
    int num;
};
void f(char *name,int num)
{   struct STU s[2]={{"SunDan",21044},{"Penghua",21045}};
    num=s[0].num;
    strcpy(name,s[0].name);
}
int main()
{   struct STU s[2]={{"YangSan",21041},{"LiSiGuo",21042}},*p;
    p=&s[1];f(p->name,p->num);
    printf("%s %d\n",p->name,p->num);
    return 0;
}
```

程序运行后的输出结果是（   ）。

A．SunDan 21044   B．SunDan 21042

C．LiSiGuo 21042   D．YangSan 21041

25．现有以下结构体说明和变量定义，指针 p、q、r 分别指向此链表中连续的 3 个节点。

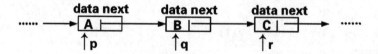

```
struct node
{   har data;
    struct node *next;}*p,*q,*r;
```

现要将 q 和 r 所指节点交换前后位置，同时要保持链表的连续，下列不能完成此操作的语句是（   ）。

A．q->next=r->next;p->next=r;r->next=q;

B．r->next=q;p->next=r;q->next=r->next;

C．q->next=r->next;r->next=q;p->next=r;

D．p->next=r;q->next=r->next;r->next=q;

二、程序填空题

1．程序通过定义并赋初值的方式，利用结构体变量存储了一名学生的信息。函数 fun 的功能是输出这位学生的信息。请在下划线处填入正确的内容。

```c
#include<stdio.h>
typedef struct
{
    int num;
    char name[9];
    char sex;
    struct{int year,month,day;}birthday;
    float score[3];
}STU;

void show(STU tt)
{
    int i;
    printf("\n%d %s %c %d-%d-%d",tt.num,tt.name,tt.sex, _____,
    tt.birthday.month,
    tt.birthday.day);
    for(i=0;i<3;i++)
        printf("%5.1f", _____);
    printf("\n");
}
int main()
{
    _____ std={2020,"ZhangSan",'M',1996,10,8,76.5,78.0, 82.0 };
    printf("\nA student data:\n");
    show(std);
    return 0;
}
```

扫码查看答案

2．将形参 std 所指结构体数组中年龄最大者的数据作为函数值返回，并在 main 函数中输出。请在下划线处填入正确的内容。

```c
#include<stdio.h>
typedef struct
{
    char name[10];
    int age;
}STD;
STD fun(STD std[],int n)
{
    STD max;int i;
```

```
        max=*std;
        for(i=1;i<n;i++)
            if(max.age<std[i].age)
                max=_____;
        return _____;
    }
    int main()
    {
        STD std[5]={"ZhangSan",17,"LiSi",16,"WangWu",18,"ZhaoLiu",17,
        "QianQi",15};
        STD max;
        max=fun(std,5);
        printf("\nThe result:\n");
        printf("\nName:%s, Age:%d\n",_____,_____);
        return 0;
    }
```

3. 给定程序通过定义并赋初值的方式，利用结构体变量存储了一名学生的学号、姓名和 3 门课的成绩。函数 fun 的功能是将该学生的各科成绩都乘以一个系数 a。请在下划线处填入正确的内容。

```
    #include<stdio.h>
    typedef struct
    {
        int num;
        char name[9];
        float score[3];
    }STU;
    void show(STU tt)
    {
        int i;
        printf("%d  %s:",tt.num,tt.name);
        for(i=0;i<3;i++)
            printf("%5.1f",_____);
        printf("\n");
    }

    void modify(STU *ss,float a)
    {
        int i;
        for(i=0;i<3;i++)
            ss->score[i]=_____;
    }

    int main()
    {
        STU std={1,"ZhangSan",76.5,78.0,82.0};
        float a;
```

```
        printf("\nThe original number and name and scores:\n");
        show(std);

        printf("\nInput a number:");
        scanf("%f",&a);
        modify(_____);

        printf("\nA result of modifying:\n");
        show(std);

        return 0;
    }
```

4. 将形参指针所指结构体数组中的 3 个元素按 num 成员进行升序排列，请在下划线处填入正确的内容。

```
    #include<stdio.h>
    typedef struct
    {
        int num;
        char name[10];
    }PERSON;

    void fun(PERSON *std)
    {
        PERSON temp;
        if(_____>_____)
        {temp=std[0];std[0]=std[1];std[1]=temp;}
        if(_____>_____)
        {temp=std[0];std[0]=std[2];std[2]=temp;}
        if(_____>_____)
        {temp=std[1];std[1]=std[2];std[2]=temp;}
    }
    int main()
    {
        PERSON std[]={5,"Zhanghu",2,"WangLi",6,"LinMin"};
        int i;
        fun(std);
        printf("\nThe result is:\n");
        for(i=0;i<3;i++)
            printf("%d,%s\n",std[i].num,std[i].name);
        return 0
    }
```

5. 人员的记录由编号和出生年月日组成，N 名人员的数据已在主函数中存入结构体数组 std，且编号唯一。函数 fun 的功能是：找出指定编号人员的数据，作为函数值返回，由主函数输出，若指定编号不存在，返回数据中的编号为空串。请在下划线处填入正确的内容。

```
    #include<stdio.h>
    #include<string.h>
    #define N 8
```

```
typedef struct
{
    char num[10];
    int year,month,day;
}STU;

STU fun(STU *std,char *num)
{
    int i;
    STU a={"",9999,99,99};
    for (i=0;i<N;i++)
        if(strcmp(_____)==0)
            return(_____);
    return a;
}
int main()
{
    STU std[N]={ {"202001",2002,2,15},{"202002", 2002,9,21},{"202003",
2001,9,1},

{"202004",2003,7,15},{"202005",2002,9,28},{"202006",2002,11,15},{"2020
07",2002,6,22},
    {"202008",2002,8,19}};
    STU p;
    char n[10]="202006";
    p=fun(_____);
    if(p.num[0]==0)
        printf("\nNot found !\n");
    else
    {
        printf("\nSucceed !\n");
        printf("%s %d-%d-%d\n",p.num,p.year, p.month,p.day);
    }
    return 0;
}
```

6. 给定程序的主函数中已给出由结构体构成的链表节点 a、b、c，各节点的数据域中均存入字符，函数 fun()的作用是：将 a、b、c 三个节点连接成一个单向链表并输出链表节点中的数据。请在下划线处填入正确的内容。

```
#include<stdio.h>
typedef struct list
{
    char data;
    struct list *next;
} Q;
void fun(Q *pa,Q *pb,Q *pc)
{
```

```
    Q *p;
    pa->next=_____;
    pb->next=_____;
    p=pa;
    while(p)
    {
        printf(" %c",p->data);
        p=_____;
    }
    printf("\n");
}
int main()
{
    Q a,b,c;
    a.data='E';b.data='F';c.data='G';c.next=NULL;
    fun(&a,&b,&c);
    return 0;
}
```

7. 给定程序中已建立一个带有头节点的单向链表，链表中的各节点按节点数据域中的数据递增有序链接。函数 fun 的功能是：把形参 x 的值放入一个新节点并插入到链表中，插入后各节点数据域的值仍保持递增有序。请在下划线处填入正确的内容。

```
#include<stdio.h>
#include<stdlib.h>
#define N 8
typedef struct list
{
    int data;
    struct list *next;
} SLIST;
void fun(SLIST *h,int x)
{
    SLIST *p,*q,*s;
    s=(SLIST *)malloc(sizeof(SLIST));
    s->data=x;
    q=h;
    p=h->next;
    while(p!=NULL && x>p->data)
    {
        q=p;
        p=_____;
    }
    s->next=_____;
    q->next=_____;
}
SLIST *creatlist(int *a)
{
```

```
        SLIST *h,*p,*q;
        int i;
        h=p=(SLIST *)malloc(sizeof(SLIST));
        for(i=0;i<N;i++)
        {
            q=(SLIST *)malloc(sizeof(SLIST));
            q->data=a[i];p->next=q;p=q;
        }
        p->next=0;
        return h;
    }
    void outlist(SLIST *h)
    {
        SLIST *p;
        p=h->next;
        if (p==NULL) printf("\nThe list is NULL!\n");
        else
        {
            printf("\nHead");
            do
            {
                printf("->%d",p->data);p=p->next;
            }while(p!=NULL);
            printf("->End\n");
        }
    }
    int main()
    {
        SLIST *head;int x;
        int a[N]={11,12,15,18,19,22,25,29};
        head=creatlist(a);
        printf("\nThe list before inserting:\n");
        outlist(head);
        printf("\nEnter a number:");
        scanf("%d",&x);
        fun(head,x);
        printf("\nThe list after inserting:\n");outlist(head);
        return 0;
    }
```

8. 将带头节点的单向链表逆置。即若原链表中从头至尾节点数据域依次为 2、4、6、8、10，逆置后，从头至尾节点数据域依次为 10、8、6、4、2。请在下划线处填入正确的内容。

```
    #include<stdio.h>
    #include<stdlib.h>
    #define N 5
    typedef struct node{
      int data;
```

```
    struct node *next;
}NODE;
void fun(NODE *h)
{
    NODE *p,*q,*r;
    p=h->next;
    if(p==0) return;
    q=p->next;
    p->next=NULL;
    while(_____)
    {r=q->next;q->next=p;p =_____;q=_____;}
    h->next = p;
}
NODE *creatlist(int a[])
{
    NODE *h,*p,*q;int i;
    h=(NODE *)malloc(sizeof(NODE));
    h->next=NULL;
    for(i=0;i<N;i++)
    {
        q=(NODE *)malloc(sizeof(NODE));
        q->data=a[i];
        q->next=NULL;
        if (h->next==NULL)
            h->next=p=q;
        else
        {p->next=q;p=q;}
    }
    return h;
}
void outlist(NODE *h)
{
    NODE *p;
    p=h->next;
    if(p==NULL)
        printf("The list is NULL!\n");
    else
    {
        printf("\nHead");
        do
        {
            printf("->%d",p->data);
            p=p->next;
        }while(p!=NULL);
    printf("->End\n");
    }
```

```
    }
    int main()
    {
        NODE *head;
        int a[N]={2,4,6,8,10};
        head=creatlist(a);
        printf("\nThe original list:\n");
        outlist(head);
        fun(head);
        printf("\nThe list after inverting:\n");
        outlist(head);
        return 0;
    }
```

9. 将带头节点的单向链表节点数据域中的数据从小到大排序。即若原链表节点数据域从头至尾的数据为 10、4、2、8、6，排序后链表节点数据域从头至尾的数据为 2、4、6、8、10。请在下划线处填入正确的内容。

```
    #include<stdio.h>
    #include<stdlib.h>
    #define N 6
    typedef struct node{
        int data;
        struct node *next;
    }NODE;
    void fun(NODE *h)
    {
        NODE *p,*q;int t;
        p=h->next;
        while(p)
        {
            q=p->next;
            while(q)
            {
                if (_____ > _____)
                {t=p->data;p->data=q->data;q->data=t;}
                q= _____;
            }
            p= _____;
        }
    }
    NODE *creatlist(int a[])
    {
        NODE *h,*p,*q;int i;
        h=(NODE *)malloc(sizeof(NODE));
        h->next=NULL;
        for(i=0;i<N;i++)
        {
```

```
            q=(NODE *)malloc(sizeof(NODE));
            q->data=a[i];
            q->next=NULL;
            if(h->next==NULL) h->next=p=q;
            else{p->next=q;p=q;}
        }
        return h;
    }
    void outlist(NODE *h)
    {
        NODE *p;
        p=h->next;
        if(p==NULL) printf("The list is NULL!\n");
        else
        {
            printf("\nHead ");
            do
            {
                printf("->%d",p->data);
                p=p->next;
            }while(p!=NULL);
            printf("->End\n");
        }
    }
    int main()
    {
        NODE *head;
        int a[N]={0,10,4,2,8,6};
        head=creatlist(a);
        printf("\nThe original list:\n");
        outlist(head);
        fun(head);
        printf("\nThe list after sorting:\n");
        outlist(head);
        return 0;
    }
```

10. 统计出带有头节点的单向链表中节点的个数，存放在形参 n 所指的存储单元中。请在下划线处填入正确的内容。

```
    #include<stdio.h>
    #include<stdlib.h>
    #define N 8
    typedef struct list
    { int data;
      struct list *next;
    } SLIST;
    SLIST *creatlist(int *a);
```

```
void outlist(SLIST *);
void fun(SLIST *h, int *n)
{
    SLIST *p;
    *n=0;
    p=_____;
    while(_____)
    {
        (*n)++;
        p=_____;
    }
}
int main()
{
    SLIST *head;
    int a[N]={12,87,45,32,91,16,20,48},num;
    head=creatlist(a);outlist(head);
    fun(head,&num);
    printf("\nnumber=%d\n",num);
    return 0;
}
SLIST *creatlist(int a[])
{
    SLIST *h,*p,*q; int i;
    h=p=(SLIST *)malloc(sizeof(SLIST));
    for(i=0;i<N;i++)
    {
        q=(SLIST *)malloc(sizeof(SLIST));
        q->data=a[i];
        p->next=q; p=q;
    }
    p->next=0;
    return h;
}
void outlist(SLIST *h)
{
    SLIST *p;
    p=h->next;
    if(p==NULL) printf("The list is NULL!\n");
    else
    {   printf("\nHead");
        do
        {
            printf("->%d",p->data);p=p->next;
        }while(p!=NULL);
    printf("->End\n");
    }
}
```

三、程序设计题

扫码查看答案

1. 有 3 个学生，每个学生的数据包括学号、姓名、2 门课程的成绩、平均成绩。从键盘输入 3 个学生的学号、姓名、2 门课程的成绩，计算并输出每个学生的平均成绩，以及平均成绩最高的学生的数据（包括学号、姓名、2 门课程的成绩、平均成绩）。

要求定义 input_data 函数输入 3 个学生的数据，定义 average_data 函数求每个学生的平均成绩，定义 max 函数找出平均成绩最高的学生。

2. 编写程序，建立一个带头节点的单向链表，链表中每个节点包含整型数据域和指针域，输出此链表中的数值。节点的数据域值依次从键盘输入，以 0 表示输入结束且 0 不存储在链表中。

3. 以上述第 2 题为基础，在链表的第 i 个节点（i 为节点在链表中的位序）之后插入一个新节点。位序 i 和新节点的数据域值从键盘输入。

4. 以上述第 2 题为基础编写一个函数 max_link，查找链表节点数据域的最大值。在主函数中调用这个函数并输出结果。

第 11 章　文件操作

【试题 1】 下列关于 C 语言文件的叙述中正确的是_____。

　　A．文件由一系列数据依次排列组成，只能构成二进制文件

　　B．文件由结构序列组成，可以构成二进制文件或文本文件

　　C．文件由数据序列组成，可以构成二进制文件或文本文件

　　D．文件由字符序列组成，其类型只能是文本文件

答案： C

解析： 本题主要考查文本文件和二进制文件的区别。

【试题 2】 设 fp 已定义，执行语句"fp=fopen("file","w");"后，以下针对文本文件 file 操作的叙述中正确的是_____。

　　A．写操作结束后可以从头开始读　　B．只能写不能读

　　C．可以在原有内容后追加写　　　　D．可以随意读和写

答案： B

解析： 本题主要考查文件打开函数 fopen 的用法。

用"w"方式打开的文件只能向该文件写数据，而不能从该文件读数据。如果原来不存在该文件，则在打开时新建一个以指定的名字命名的文件。如果原来已存在一个以该文件名命名的文件，则在打开时先将原文件删去，然后重新建立一个新文件。

【试题 3】 有以下程序：

```c
#include<stdio.h>
int main()
{
    FILE *fp;
    int i,a[6]={1,2,3,4,5,6};
    fp=fopen("d2.dat","w+");
    for(i=0;i<6;i++)
        fprintf(fp,"%d\n",a[i]);
    rewind(fp);
    for(i=0;i<6;i++)
        fscanf(fp,"%d",&a[5-i]);
    fclose(fp);
    for(i=0;i<6;i++)
        printf("%d,",a[i]);
    return 0;
}
```

程序运行后的输出结果是_____。

　　A．4,5,6,1,2,3,　　　B．1,2,3,3,2,1,　　　C．1,2,3,4,5,6,　　　D．6,5,4,3,2,1,

答案：D

解析：本题主要考查 fprintf 函数和 fscanf 函数的应用。

首先将数组 a 中的元素值写入文件，然后将文件中的数据读出倒序存放在数组 a 中，最后输出"6,5,4,3,2,1,"。

【试题 4】 有以下程序：

```c
#include<stdio.h>
int main()
{
    FILE *fp;
    int k,n,i,a[6]={1,2,3,4,5,6};
    fp=fopen("d2.dat","w");
    for(i=0;i<6;i++)
        fprintf(fp,"%d\n",a[i]);
    fclose(fp);
    fp=fopen("d2.dat","r");
    for(i=0;i<3;i++)
        fscanf(fp,"%d%d",&k,&n);
    fclose(fp);
    printf("%d,%d\n",k,n);
    return 0;
}
```

程序运行后的输出结果是_____。

　　A．1,2　　　　　B．3,4　　　　　C．5,6　　　　　D．123,456

答案：C

解析：本题主要考查 fprintf 函数和 fscanf 函数的应用。

（1）定义一维数组 a 并初始化。

（2）将数组 a 的元素值依次写入文件 d2.dat。

（3）从文件 d2.dat 中读出数据，每次读出两个数据分别存储到变量 k 和 n 中，循环执行 3 次。显然，最终 k 和 n 的值为 5 和 6。

【试题 5】 有以下程序：

```c
#include<stdio.h>
int main()
{
    FILE *f;
    f=fopen("filea.txt","w");
    fprintf(f,"abc");
    fclose(f);
    return 0;
}
```

若文本文件 filea.txt 中的原有内容为 hello，则运行以上程序后文件 filea.txt 中的内容为_____。

　　A．Helloabc　　　B．abclo　　　C．abc　　　　　D．abchello

答案：C

解析：本题主要考查 fopen 函数和 fprintf 函数的应用。

以"w"方式打开 filea.txt 文件进行写操作。原来的文件 filea.txt 已被删除，建立的是一个新的 filea.txt 文件。

【试题6】有以下程序：

```
#include<stdio.h>
int main()
{
    FILE *pf;
    char *s1="China",*s2="Beijing";
    pf=fopen("abc.dat","wb+");
    fwrite(s2,7,1,pf);
    rewind(pf);              //文件位置指针回到文件开头
    fwrite(s1,5,1,pf);
    fclose(pf);
    retrun 0;
}
```

程序运行后 abc.dat 文件的内容是_____。

  A．China   B．Chinang

  C．ChinaBeijing   D．BeijingChina

答案：B

解析：本题主要考查 fwrite 函数的应用。

（1）定义文件指针 pf。

（2）执行语句"fopen("abc.dat","wb+");"，建立可读写的二进制文件 abc.dat。

（3）执行语句"fwrite(s2,7,1,pf);"，s2 的前 7×1 个字符的内容写入文件中，即将"Beijing"写入文件。

（4）执行语句"rewind(pf);"，文件位置指针回到文件开头。

（5）执行语句"fwrite(s1,5,1,pf);"，将 s1 的前 5×1 个字符的内容写入文件中（从文件的开头位置写入），所以结果为"Chinang"。

【试题7】有以下程序：

```
#include<stdio.h>
int main()
{
    FILE *fp;
    char str[10];
    fp=fopen("myfile.dat","w");
    fputs("abc",fp);
    fclose(fp);
    fp=fopen("myfile.dat","a+");
    fprintf(fp,"%d",28);
    rewind(fp);
    fscanf(fp,"%s",str);
    puts(str);
```

```
        fclose(fp);
    }
```
程序运行后的输出结果是_____。

  A．abc   B．28c

  C．abc28   D．因类型不一致而出错

答案： C

解析： 本题主要考查 fputs 函数、fprintf 函数和 fscanf 函数的应用。

  程序一开始以只写方式打开文件 myfile.dat，然后写入字符串"abc"，文件关闭。再以追加方式打开文件，接着写入字符串"28"，然后把文件指针移到开头位置，读入整个字符串到 str 中，最后输出 str 的值。

 习题

一、选择题

1. 设 fp 已正确定义，执行语句"fp=fopen("file","w");"后，以下针对文本文件 file 操作的叙述中正确的是（　　）。

  A．写操作结束后可以从头开始读 B．只能写不能读

  C．可以在原有内容后追加写 D．可以随意读和写

扫码查看答案

2. 下列程序的运行结果是（　　）。

```c
#include<stdio.h>
int main()
{
    FILE *fp;
    int i;
    char ch[]="abcd",t;
    fp=fopen("abc.dat","wb+");
    for(i=0;i<4;i++)
        fwrite(&ch[i],1,1,fp);
    fseek(fp,-2L,SEEK_END);
    fread(&t,1,1,fp);
    fclose(fp);
    printf("%c",t);
    return 0;
}
```

  A．d   B．c   C．b   D．a

3. 下列程序的运行结果是（　　）。

```c
#include<stdio.h>
int main()
{   FILE *fp;
    int i,a[6]={1,2,3,4,5,6};
    fp=fopen("d3.dat","wb+");
    fwrite(a,sizeof(int),6,fp);
```

```
        fseek(fp,sizeof(int)*3,SEEK_SET);
        fread(a,sizeof(int),3,fp);
        fclose(fp);
        for(i=0;i<6;i++)
            printf("%2d",a[i]);
        return 0;
    }
```

  A. 4 5 6 4 5 6 B. 1 2 3 4 5 6 C. 4 5 6 1 2 3 D. 6 5 4 3 2 1

4. 下列程序的运行结果是（ ）。

```
    #include<stdio.h>
    int main()
    {
        FILE *fp;
        int i,a[10]={1,2,3,0,0};
        fp=fopen("d2.dat","wb");
        fwrite(a,sizeof(int),5,fp);
        fwrite(a,sizeof(int),5,fp);
        fclose(fp);
        fp=fopen("d2.dat","rb");
        fread(a,sizeof(int),10,fp);
        fclose(fp);
        for(i=0;i<10;i++)
            printf("%2d",a[i]);
        return 0;
    }
```

  A. 1 2 3 0 0 0 0 0 0 0   B. 1 2 3 1 2 3 0 0 0 0

  C. 1 2 3 0 0 0 0 1 2 3 0 0 0 0   D. 1 2 3 0 0 1 2 3 0 0

5. 下列程序的运行结果是（ ）。

```
    #include<stdio.h>
    int main()
    {
        FILE *fp;
        int a[10]={1,2,3},i,n;
        fp=fopen("d1.dat","w");
        for(i=0;i<3;i++)
            fprintf(fp,"%d",a[i]);
        fprintf(fp,"\n");
        fclose(fp);
        fp=fopen("d1.dat","r");
        fscanf(fp,"%d",&n);
        fclose(fp);
        printf("%d\n",n);
        return 0;
    }
```

  A. 12300   B. 123   C. 1   D. 321

6. 下列程序的运行结果是（　　　）。

```
#include<stdio.h>
int main()
{
    FILE *fp;
    char str[10];
    fp=fopen("myfile.dat","w");
    fputs("abc",fp);
    fclose(fp);
    fp=fopen("myfile.dat","a+");
    fprintf(fp,"%d",28);
    rewind(fp);
    fscanf(fp,"%s",str);
    puts(str);
    fclose(fp);
    return 0;
}
```

A．abc　　　　　B．28c　　　　　C．abc28　　　　　D．因类型不一致而出错

二、程序填空题

1. 将自然数 1～10 以及它们的平方根写到名为 myfile3.txt 的文本文件中，然后再顺序读出显示在屏幕上。请在下划线处填入正确的内容。

```
#include<math.h>
#include<stdio.h>
int fun(char *fname)
{
    FILE *fp;
    int i,n;
    float x;
    if((fp=fopen(_____,"w"))==NULL) return 0;
    for(i=1;i<=10;i++)
        fprintf(_____,"%d %f\n",i,sqrt((double)i));
    printf("\nSucceed!! \n");
    fclose(_____);

    printf("\nThe data in file:\n");
    if((fp=fopen(_____,"r"))==NULL)
        return 0;
    fscanf(fp,"%d%f",&n,&x);
    while(!feof(fp))
    {
        printf("%-3d: %f\n",n,x);
        fscanf(fp,"%d%f",&n,&x);
    }
    fclose(fp);

    return 1;
```

扫码查看答案

```
}
int main()
{   char fname[]="myfile3.txt";
    fun(fname);
    return 0;
}
```

2. 从键盘输入若干行文本（每行不超过 80 个字符）写到文件 myfile4.txt 中，用-1 作为字符串输入结束的标志，然后将文件的内容读出显示在屏幕上。文件的读写分别由自定义函数 ReadText 和 WriteText 实现。请在下划线处填入正确的内容。

```
#include<stdio.h>
#include<string.h>
#include<stdlib.h>
void WriteText(FILE *);
void ReadText(FILE *);
int main()
{
    FILE *fp;
    if((fp=fopen("myfile4.txt","w"))==NULL)
    {printf("open fail!!\n");exit(0);}
    WriteText(fp);
    fclose(fp);
    if((fp=fopen("myfile4.txt","r"))==NULL)
    {printf("open fail!!\n"); exit(0);}
    ReadText(fp);
    fclose(fp);
    return 0;
}

void WriteText(FILE *fw)
{
    char str[81];
    printf("\nEnter string with -1 to end:\n");
    gets(str);
    while(strcmp(str,"-1")!=0)
    {fputs(str,_____);fputs("\n",fw);gets(str);}
}
void ReadText(FILE *fr)
{
    char str[81];
    printf("\nRead file and output to screen:\n");
    fgets(str,81,fr);
    while(_____)
    {printf("%s",str);fgets(str,81,fr);}
}
```

3. 将形参给定的字符串、整数、浮点数写到文本文件中，再用字符方式从此文本文件中逐个读入并显示在终端屏幕上。请在下划线处填入正确的内容。

```
#include<stdio.h>
void fun(char *s,int a,double f)
{
    FILE *fp;
    char ch;
    fp=fopen("file1.txt","w");
    fprintf(_____,"%s %d %f\n",_____);
    fclose(fp);
    fp=fopen("file1.txt","r");
    printf("\nThe result:\n\n");
    ch=fgetc(_____);
    while(_____)
    {putchar(ch);ch=fgetc(fp);}
    putchar('\n');
    fclose(fp);
}
int main()
{
    char a[10]="Hello!";
    int b=12345;
    double c=98.76;
    fun(a,b,c);
}
```

4. 程序通过定义学生结构体变量存储了学生的学号、姓名和 3 门课的成绩。所有学生数据均以二进制方式输出到文件中。函数 fun 的功能是从形参 filename 所指的文件中读入学生数据，并按照学号从小到大排序，再用二进制方式把排序后的学生数据输出到 filename 所指的文件中，覆盖原来的文件内容。请在下划线处填入正确的内容。

```
#include<stdio.h>
#define N 5
typedef struct student
{
    long sno;
    char name[10];
    float score[3];
} STU;
void fun(char *filename)
{
    FILE *fp;int i,j;
    STU s[N],t;
    fp=fopen(filename,"rb");
    fread(s,sizeof(STU),N,_____);
    fclose(fp);
    for(i=0;i<N-1;i++)
        for(j=i+1;j<N;j++)
```

```
            if(s[i].sno>s[j].sno)
                {t=s[i];s[i]=s[j];s[j]=t;}
        fp=fopen(filename,"wb");
        fwrite(s,sizeof(STU),N,_____);          /* 二进制输出 */
        fclose(fp);
    }
    int main()
    {
        STU t[N]={{10005,"ZhangSan",95,80,88},{10003,"LiSi",85,70,78},
        {10002, "CaoKai",75,60,88},{10004,"FangFang", 90, 82, 87},{10001,
        "MaChao", 91, 92, 77}},ss[N];
        int i,j;FILE *fp;
        fp=fopen("student.dat","wb");
        fwrite(t,sizeof(STU),5,fp);
        fclose(fp);
        printf("\n\nThe original data:\n\n");
        for(j=0;j<N;j++)
        {  printf("\nNo:%ld Name:%-8s Scores:",t[j].sno,t[j].name);
            for(i=0;i<3;i++)
                printf("%6.2f",t[j].score[i]);
            printf("\n");
        }
        fun(_____);
        printf("\n\nThe data after sorting:\n\n");
        fp=fopen("student.dat","rb");
        fread(ss,sizeof(STU),5,fp);
        fclose(fp);
        for(j=0;j<N;j++)
        {  printf("\nNo: %ld Name:%-8s Scores:",ss[j].sno,ss[j].name);
            for(i=0;i<3;i++)
                printf("%6.2f",ss[j].score[i]);
            printf("\n");
        }
        return 0;
    }
```

5. 调用函数 fun 将指定源文件中的内容复制到指定的目标文件中，复制成功时函数返回值为 1，失败时返回值为 0。在复制的过程中，把复制的内容输出到终端屏幕上。主函数中源文件名放在变量 sfname 中，目标文件名放在变量 tfname 中。请在下划线处填入正确的内容。

```
        #include<stdio.h>
        #include<stdlib.h>
        int fun(char *source,char *target)
        {
            FILE *fs,*ft;char ch;
            if((fs=fopen(source,"r"))==NULL)
                return 0;
```

```
    if((ft=fopen(target,"w"))==NULL)
        return 0;
    printf("\nThe data in file:\n");
    ch=fgetc(fs);
    while(_____)
    {putchar(ch);fputc(_____);ch=fgetc(_____); }

    fclose(fs);fclose(ft);
    printf("\n\n");
    return 1;
}
int main()
{
    char sfname[20]="myfile1",tfname[20]="myfile2";
    FILE *myf;
    int i;
    char c;
    myf=fopen(sfname,"w");
    printf("\nThe original data:\n");
    for(i=1;i<30;i++)
    {
        c='A'+rand()%25;
        fprintf(myf,"%c",c);
        printf("%c",c);
    }
    fclose(myf);
    printf("\n\n");
    if (fun(sfname, tfname) )
        printf("Succeed!");
    else
        printf("Fail!");
    return 0;
}
```

三、程序设计题

1．编写程序，从键盘输入一个字符串，将其中的小写字母全部转换成大写字母，输出到磁盘文件 upper.dat 中保存。输入的字符串以"！"结束。然后将文件 upper.dat 中的内容读出并显示在屏幕上。

2．编写程序，将 1000 以内的素数存入文件 prime.dat 中。

扫码查看答案

3．编写程序，从键盘输入一个整数，如果该数是 1000 以内的正整数，则在文件 prime.dat（prime.dat 为上述第 2 题中的文件，存放了 1000 以内的所有素数）中查询，如果找到该数据，屏幕显示"是素数"，否则屏幕显示"不是素数"。如果输入的数不是 1000 以内的正整数，则提示用户输入错误。

4．有 3 个学生，每个学生的数据包括学号、姓名、2 门课程的成绩、平均成绩。编写程序，从键盘输入 3 个学生的数据，计算出每个学生的平均成绩，将原有数据和计算出的平均成绩存放在磁盘文件 stud.dat 中，然后将文件的内容读出并显示在屏幕上。

假设 3 个学生的学号、姓名和 2 门课程的成绩如下：

10001	abc	90，88
10002	ef	92，94
10003	bef	88，94

5．将上述第 4 题 stud.dat 文件中的学生数据按平均成绩从小到大排序，将已排序的学生数据存入一个新文件 stu_sort.dat 中，将排序后的文件 stu_sort.dat 的内容读出并显示在屏幕上。

第三部分　考试指导

全国高等学校（安徽考区）二级 C 语言考试指导

课程基本情况

课程名称：C 程序设计
课程代号：240
先修课程：计算机应用基础
参考学时：80 学时（理论 48 学时，上机实验 32 学时）
考试安排：每年两次考试，一般安排在学期期末
考试方式：笔试+机试
考试时间：笔试 60 分钟，机试 90 分钟
考试成绩：笔试成绩 × 40% + 机试成绩 × 60%
机试环境：Windows 7 +Visual C++ 6.0
　设置目的：C 语言是一种应用广泛的高级程序设计语言，一直在计算机教育和应用领域发挥着重要作用。C 语言功能丰富、表达能力强、使用灵活、应用面广、目标程序效率高、可移植性好，兼具高级语言和低级语言的特点。通过对本课程的学习，学生不仅可以掌握高级程序设计语言的相关知识，更重要的是在实践中逐步掌握程序设计的思想和方法，提高解决问题的能力，为后续课程的学习和计算机应用奠定良好的基础。

课程内容与考核目标

第 1 章　C 语言概述

（一）课程内容
C 语言程序的基本构成、开发环境、编辑设计过程。
（二）考核知识点
C 语言程序的基本格式、头文件、main 函数、注释语句。
（三）考核目标
了解：C 语言开发环境、头文件、注释语句。
理解：main 函数。
掌握：C 语言程序的基本格式、编辑调试过程。

（四）实践环节

类型：演示、验证。

目的与要求：掌握 C 语言开发环境（Visual C++ 6.0）的使用方法，掌握源程序的建立、编辑、编译、链接和运行的基本方法。

第 2 章　数据类型与运算

（一）课程内容

基本数据类型、常量与变量、运算符及表达式、不同类型数据的运算。

（二）考核知识点

C 语言的数据类型，常量的使用，变量的定义和使用，各种运算符、运算优先级和结合性，不同类型数据的运算，C 语言的各种表达式（赋值表达式、算术表达式、关系表达式、逻辑表达式、条件表达式、逗号表达式）和运算规则。

（三）考核目标

了解：C 语言的各种数据类型。

理解：数据类型的概念、常量和变量的概念、数据类型转换的规则。

掌握：常量和变量的使用方法、运算符及运算规则、表达式。

应用：在程序设计中正确使用常量、变量和表达式。

（四）实践环节

类型：验证、设计。

目的与要求：在程序设计中掌握常量、变量和表达式的使用方法。

第 3 章　顺序结构程序设计

（一）课程内容

C 语言的简单语句、复合语句、空语句，基本输入输出函数。

（二）考核知识点

简单语句、复合语句、空语句的格式，字符输入函数、字符输出函数、格式输入函数、格式输出函数的使用。

（三）考核目标

了解：顺序结构程序设计的概念。

理解：顺序结构程序执行的方式。

掌握：简单语句、复合语句、空语句的格式，字符输入函数、字符输出函数、格式输入函数、格式输出函数的使用。

应用：正确使用简单语句、复合语句和空语句，正确使用字符输入函数、字符输出函数、格式输入函数、格式输出函数进行数据的输入和输出。

（四）实践环节

类型：验证、设计。

目的与要求：掌握简单语句、复合语句、空语句的使用，掌握数据输入/输出函数的使用方法。

第4章 选择结构程序设计

（一）课程内容

单分支结构、双分支结构、多分支结构、选择结构嵌套、switch 语句。

（二）考核知识点

if 语句、switch 语句、break 语句、选择结构嵌套。

（三）考核目标

了解：选择结构程序设计的概念。

理解：选择结构的程序流程。

掌握：if 语句实现选择结构的方法、switch 语句实现多分支选择结构的方法、break 语句的使用。

应用：正确使用 if 语句、switch 语句实现各种类型的选择结构。

（四）实践环节

类型：验证、设计。

目的与要求：掌握单分支、双分支及多分支选择结构程序设计的方法。

第5章 循环结构程序设计

（一）课程内容

循环的基本概念、常用循环结构、循环嵌套。

（二）考核知识点

while 循环结构、do-while 循环结构、for 循环结构、break 语句和 continue 语句、循环嵌套。

（三）考核目标

理解：单重循环和循环嵌套的概念。

掌握：while 循环、do-while 循环和 for 循环的结构及使用方法，常见循环嵌套的使用，break 语句和 continue 语句的使用。

应用：正确使用循环结构解决实际问题。

（四）实践环节

类型：验证、设计。

目的与要求：掌握 while 循环、do-while 循环和 for 循环的使用方法，掌握常见的循环嵌套、break 语句和 continue 语句的使用方法。

第6章 数组

（一）课程内容

数组的概念与存储特点，一维数组、二维数组和多维数组，字符串与字符数组，字符串函数。

（二）考核知识点

一维数组、二维数组和字符数组的定义、初始化及数组元素的使用，字符串函数的使用，字符串处理，查找、排序、求极值等常用算法。

（三）考核目标

了解：数组的存储特点。

理解：字符串与字符数组的概念。

掌握：一维数组、二维数组和字符数组的定义、初始化和数组元素的使用方法，字符串函数的使用方法。

应用：正确使用数组和字符串来解决实际问题。

（四）实践环节

类型：验证、设计。

目的与要求：掌握一维数组、二维数组和字符数组的使用方法，掌握字符串函数的使用方法。

第7章 函数

（一）课程内容

函数的概念、函数的定义与调用、变量的作用域与存储类别、函数的嵌套调用。

（二）考核知识点

函数的概念、函数的定义和调用、函数的参数传递、数组作为函数参数、函数的嵌套调用和递归调用、变量作用域和存储类别。

（三）考核目标

了解：变量存储类别的概念。

理解：函数的定义和调用、函数返回值及类型。

掌握：函数参数传递的方式，函数调用的方法和规则、函数嵌套调用和递归调用的执行过程、数组作为函数参数的使用方法、多个函数组成C程序的方法。

应用：使用函数完成程序设计任务的分解，实现模块化程序设计。

（四）实践环节

类型：验证、设计。

目的与要求：理解函数返回值及类型，掌握函数定义和调用的方法，掌握函数参数传递方式，掌握多个函数组成C程序的方法。

第8章 编译预处理

（一）课程内容

编译预处理、宏、文件包含。

（二）考核知识点

编译预处理命令、宏、文件包含。

（三）考核目标

了解：编译预处理。

理解：宏定义。

掌握：文件包含命令的使用方法、宏的使用方法。

应用：正确使用带参宏。

（四）实践环节

类型：验证、设计。

目的与要求：掌握带参宏的定义和使用，掌握文件包含的使用。

第 9 章 指针

（一）课程内容

地址与指针、指针变更、指针数组和多级指针、指针的应用。

（二）考核知识点

指针的基本概念、指针变量的定义和使用、数组指针变量、指针作函数参数、字符串指针变量、指针型函数、指针数组。

（三）考核目标

了解：指针数组和多级指针的概念、指针型函数。

理解：地址、指针和指针变量的概念。

掌握：指向变量、数组、字符串的指针变量定义与使用方法，指针变量作为函数参数的使用方法。

应用：正确地使用指针变量。

（四）实践环节

类型：验证、设计。

目的与要求：掌握指针变量的定义与使用方法，掌握指针作为函数参数的使用方法。

第 10 章 结构体与共用体

（一）课程内容

结构体类型、结构体数组、共用体类型、枚举类型。

（二）考核知识点

结构体的概念、结构体变量的定义和使用、结构体数组的使用、共用体的概念、共用体变量的定义和使用、枚举类型的概念、枚举变量的定义和使用。

（三）考核目标

了解：枚举类型的概念及使用方法。

理解：结构体类型与共用体类型。

掌握：结构体变量和共用体变量的定义与使用方法。

应用：正确使用结构体变量存储数据。

（四）实践环节

类型：验证、设计。

目的与要求：掌握结构体变量的定义与使用方法。

第 11 章 文件

（一）课程内容

文件的概念和文件操作。

（二）考核知识点

文件指针的概念和使用方法，文件的打开、关闭、读写等操作。

（三）考核目标

了解：文件位置标记及定位操作。

理解：文件的分类、文件指针的概念、随机读写文件的概念。

掌握：使用文件处理函数进行文件读写等操作。

应用：文件读写与定位操作。

（四）实践环节

类型：验证、设计。

目的与要求：掌握文件操作的基本方法。

题型及样题

1. 笔试

题型	题数	每题分值	总分值	题目说明
程序填空题	3	12	36	
阅读程序题	4	8	32	
程序设计题	2	16	32	

2. 机试

题型	题数	每题分值	总分值	题目说明
单项选择题	40	1	40	含 5 题计算机基础知识
程序改错题	2	9	18	
Windows 操作题	1	10	10	偏重文件的基本操作
综合应用题	2		32	

全国计算机等级考试二级 C 语言考试指导

全国计算机等级考试介绍

全国计算机等级考试（National Computer Rank Examination，NCRE）是经原国家教育委员会（现教育部）批准，由教育部考试中心主办，面向社会，用于考查应试人员计算机应用知识与技能的全国性计算机水平考试体系。

计算机技术的应用在我国各个领域发展迅速，为了适应知识经济和信息社会发展的需要，操作和应用计算机已成为人们必须掌握的一种基本技能。许多单位、部门已把掌握一定的计算机知识和应用技能作为人员聘用、职称评定、上岗资格的重要依据之一。鉴于社会的客观需求，经原国家教委批准，原国家教委考试中心于 1994 年面向社会推出了 NCRE，目的在于以考促学，向社会推广和普及计算机知识，也为用人部门录用和考核工作人员提供一个统一、客观、公正的标准。

二级考试的形式和科目

考核计算机基础知识和使用一种高级计算机语言编写程序并上机调试的基本技能。

考试科目：语言程序设计（C、C++、Java、Web、Python）、数据库程序设计（Access、MySQL）、办公软件（MS Office 高级应用）共 8 个科目。

考试形式：完全采取上机考试形式，各科上机考试时间均为 120 分钟，满分 100 分。成绩等级分为"优秀""良好""及格""不及格"四等。100～90 分为"优秀"，89～80 分为"良好"，79～60 分为"及格"，59～0 分为"不及格"。NCRE 时间为每年的 3 月、9 月、12 月，其中 12 月的考试由省级承办机构根据情况自行决定是否开考。

考核内容：二级定位为程序员，考核内容包括公共基础知识和程序设计。所有科目对基础知识作统一要求，使用统一的公共基础知识考试大纲和教程。二级公共基础知识在各科考试选择题中体现。程序设计部分，主要考查考生对程序设计语言的使用和编程调试等基本能力，在选择题和操作题中加以体现。

二级 C 语言考试大纲

【基本要求】

1. 熟悉 Visual C++集成开发环境。
2. 掌握结构化程序设计的方法，具有良好的程序设计风格。
3. 掌握程序设计中简单的数据结构和算法并能阅读简单的程序。
4. 在 Visual C++ 集成环境下，能够编写简单的 C 程序，并具有基本的纠错和调试程序的能力。

【考试内容】

一、C语言程序的结构

1. 程序的构成、main 函数和其他函数。

2. 头文件、数据说明、函数的开始和结束标志、程序中的注释。

3. 源程序的书写格式。

4. C语言的风格。

二、数据类型及其运算

1. C的数据类型（基本类型、构造类型、指针类型、无值类型）及其定义方法。

2. C运算符的种类、运算优先级和结合性。

3. 不同类型数据间的转换与运算。

4. C表达式类型（赋值表达式、算术表达式、关系表达式、逻辑表达式、条件表达式、逗号表达式）和求值规则。

三、基本语句

1. 表达式语句、空语句、复合语句。

2. 输入输出函数的调用，正确输入数据并正确设计输出格式。

四、选择结构程序设计

1. 用 if 语句实现选择结构。

2. 用 switch 语句实现多分支选择结构。

3. 选择结构的嵌套。

五、循环结构程序设计

1. for 循环结构。

2. while 和 do-while 循环结构。

3. continue 语句和 break 语句。

4. 循环的嵌套。

六、数组的定义和引用

1. 一维数组和二维数组的定义、初始化和数组元素的引用。

2. 字符串与字符数组。

七、函数

1. 库函数的正确调用。

2. 函数的定义方法。

3. 函数的类型和返回值。

4. 形式参数与实在参数、参数值的传递。

5. 函数的正确调用、嵌套调用、递归调用。

6. 局部变量和全局变量。

7. 变量的存储类别（自动、静态、寄存器、外部）、变量的作用域和生存期。

八、编译预处理

1. 宏定义和调用（不带参数的宏、带参数的宏）。

2. "文件包含"处理。

九、指针

1．地址与指针变量的概念、地址运算符与间址运算符。

2．一维数组、二维数组和字符串的地址以及指向变量、数组、字符串、函数、结构体的指针变量的定义，通过指针引用以上各类型数据。

3．用指针作函数参数。

4．返回地址值的函数。

5．指针数组、指向指针的指针。

十、结构体（即"结构"）与共同体（即"联合"）

1．用 typedef 说明一个新类型。

2．结构体和共用体类型数据的定义及成员的引用。

3．通过结构体构成链表，单向链表的建立，节点数据的输出、删除与插入。

十一、位运算

1．位运算符的含义和使用。

2．简单的位运算。

十二、文件操作

只要求缓冲文件系统（即高级磁盘 I/O 系统），对非标准缓冲文件系统（即低级磁盘 I/O 系统）不要求。

1．文件类型指针（FILE 类型指针）。

2．文件的打开与关闭（fopen、fclose）。

3．文件的读写（fputc、fgetc、fputs、fgets、fread、fwrite、fprintf、fscanf 函数的应用）、文件的定位（rewind 和 fseek 函数的应用）。

【考试方式】

上机考试，考试时长 120 分钟，满分 100 分。

1．题型及分值

单项选择题 40 分（含公共基础知识部分 10 分）、操作题 60 分（包括程序填空题、程序修改题和程序设计）。

2．考试环境

操作系统：中文版 Windows 7。

开发环境：Microsoft Visual C++ 2010 学习版。

二级公共基础知识考试大纲

【基本要求】

1．掌握计算机系统的基本概念，理解计算机硬件系统和计算机操作系统。

2．掌握算法的基本概念。

3．掌握基本数据结构及其操作。

4. 掌握基本排序和查找算法。

5. 掌握逐步求精的结构化程序设计方法。

6. 掌握软件工程的基本方法，具有初步应用相关技术进行软件开发的能力。

7. 掌握数据库的基本知识，了解关系数据库的设计。

【考试内容】

一、计算机系统

1. 掌握计算机系统的结构。

2. 掌握计算机硬件系统结构，包括 CPU 的功能和组成、存储器分层体系、总线和外部设备。

3. 掌握操作系统的基本组成，包括进程管理、内存管理、目录和文件系统、I/O 设备管理。

二、基本数据结构与算法

1. 算法的基本概念、算法复杂度的概念和意义（时间复杂度和空间复杂度）。

2. 数据结构的定义、数据的逻辑结构与存储结构、数据结构的图形表示、线性结构与非线性结构的概念。

3. 线性表的定义、线性表的顺序存储结构及其插入与删除运算。

4. 栈和队列的定义、栈和队列的顺序存储结构及其基本运算。

5. 线性单链表、双向链表与循环链表的结构及其基本运算。

6. 树的基本概念，二叉树的定义及其存储结构，二叉树的前序、中序和后序遍历。

7. 顺序查找与二分法查找算法、基本排序算法（交换类排序、选择类排序、插入类排序）。

三、程序设计基础

1. 程序设计的方法与风格。

2. 结构化程序设计。

3. 面向对象程序设计方法、对象、方法、属性、继承与多态性。

四、软件工程基础

1. 软件工程基本概念、软件生命周期概念、软件工具与软件开发环境。

2. 结构化分析方法、数据流图、数据字典、软件需求规格说明书。

3. 结构化设计方法、总体设计与详细设计。

4. 软件测试的方法、白盒测试与黑盒测试、测试用例设计、软件测试的实施（单元测试、集成测试和系统测试）。

5. 程序的调试：静态调试与动态调试。

五、数据库设计基础

1. 数据库的基本概念：数据库、数据库管理系统、数据库系统。

2. 数据模型，实体联系模型及 E-R 图，从 E-R 图导出关系数据模型。

3. 关系代数运算，包括集合运算及选择、投影、连接运算，数据库规范化理论。

4. 数据库设计方法和步骤：需求分析、概念设计、逻辑设计和物理设计的相关策略。

【考试方式】

1. 公共基础知识不单独考试，与其他二级科目组合在一起，作为二级科目考核内容的一部分。

2. 考试方式为上机考试，10 道选择题，占 10 分。

参考文献

[1] 殷晓玲. C 语言程序设计[M]. 浙江：浙江大学出版社，2016.

[2] 殷晓玲. C 语言程序设计实践教程[M]. 浙江：浙江大学出版社，2016.

[3] 夏启寿，刘涛. C 语言程序设计[M]. 北京：科学出版社，2012.

[4] 刘涛，夏启寿. C 语言程序设计实训教程[M]. 北京：科学出版社，2012.

[5] 苏小红，王宇颖，孙志岗，等. C 语言程序设计[M]. 3 版. 北京：高等教育出版社，2015.

[6] 苏小红，车万翔，王甜甜. C 语言程序设计学习指导[M]. 3 版. 北京：高等教育出版社，2015.

[7] 顾春华. 程序设计方法与技术——C 语言[M]. 北京：高等教育出版社，2017.

[8] 黑马程序员. C 语言程序设计案例式教程[M]. 北京：人民邮电出版社，2017.

[9] K.N.King 著. C 语言程序设计——现代方法[M]. 2 版. 吕秀锋，黄倩译. 北京：人民邮电出版社，2010.

[10] 李敬兆，夏启寿. C 程序设计教程[M]. 北京：电子工业出版社，2012.

[11] 李敬兆，夏启寿. C 程序设计实验指导与习题解答[M]. 北京：电子工业出版社，2012.

[12] 刘卫国. C 语言程序设计[M]. 北京：中国铁道出版社，2008.

[13] 姬涛，周启生. 计算机程序设计基础[M]. 北京：中国传媒大学出版社，2010.

[14] 谭浩强. C 程序设计[M]. 4 版. 北京：清华大学出版社，2010.

[15] 许勇. C 语言程序设计教程[M]. 重庆：重庆大学出版社，2011.

[16] 吴国凤，宣善立. C/C++程序设计[M]. 2 版. 北京：高等教育出版社，2011.

[17] 何钦铭，颜晖. C 语言程序设计[M]. 3 版. 北京：高等教育出版社，2015.

[18] 冯博琴，贾应智，姚全珠. Visual C++与面向对象程序设计教程[M]. 3 版. 北京：高等教育出版社，2010.

[19] 乔林. 计算机程序设计基础[M]. 北京：高等教育出版社，2018.

[20] 丁亚涛. C 语言程序设计[M]. 3 版. 北京：高等教育出版社，2014.

[21] 钱能. C++程序设计教程——设计思想与实现[M]. 北京：清华大学出版社，2009.

[22] 陈良银，游洪跃，李旭伟. C 语言程序设计[M]. 北京：高等教育出版社，2018.

[23] 王岳斌，杨克昌，李毅，等. C 程序设计案例教程[M]. 北京：清华大学出版社，2006.

[24] 安徽省教育厅. 全国高等学校（安徽考区）计算机水平考试教学（考试）大纲[M]. 合肥：安徽大学出版社，2015.

[25] 教育部高等学校大学计算机课程教学指导委员会. 大学计算机基础课程教学基本要求[M]. 北京：高等教育出版社，2016.